地方志災異資料叢刊

第二編

13

于春娟　賈貴榮　編

國家圖書館出版社

第十三冊目録

（清）劉浩等修　（清）徐錫麟、姜璘纂

【光緒】丹陽縣志

清光緒十一年（1885）刻本

丹陽縣志卷三十

祥異

聖君賢相咨儆一堂莫不以寅亮天工勤色相戒唯時太和之氣薰蒸洋溢熙熙然物遂不得其所間有陰陽愆伏究之妖不勝祥況乎賢士策征麒麟鳳凰不過也僉壬所述桃符祝史無用也彼夫熒惑徙度長星勸酒史書所載俱有明徵天人相與之際豈不大可幸哉志祥異第二十九

吳

黃武元年曲阿甘露降　赤烏十一年雲陽黃龍見　赤烏十三年丹陽句容及故鄣甯國諸山崩

晉　太康二年淮南丹陽地震　永嘉五年蝘鼠出延陵

東晉　大興二年丹陽馬生駒兩頭　咸和六年五月癸亥曲阿有柳樹枯倒六載是日忽復起生　昇平二年大水稻稼傷饑甚　太和六年大水　義熙四年丹陽淮南地生毛

南北朝宋　元嘉十七年大水　二十一年大水大明二年白鹿見丹陽

齊　泰豫元年高帝妃劉氏歸葬至墓側門生王濟與墓工始下鍤有白兎躍起尋之不得及墓成兎還棲

共上　建元元年有司奏延陵令戴景度稱季子廟

舊沸井北掘得有銀木簡長一尺廣二寸隱起文曰

廬山道人張陵再拜詣闕起居簡木白而字色黃

永明元年丹陽大水　四年丹陽獲白兎　八年

延陵縣前澤畔獲毛龜二枚　九年曲阿民黃慶有

圃圃東廣袤四丈許每種菜雖加採拔隨後更生夜

中嘗有白光皎潔燭天狀如垂絹掘深三尺得玉印

一文曰長承萬福

梁　天監元年四月鳳凰集南蘭陵　普通六年龍鬭

於曲阿王陂西行至建陵所經處木皆折開數十丈

中大同元年春曲阿縣建陵隧口石辟邪起舞有大蛇鬬隧中其一被傷奔走青蟲食陵樹木略盡是年邵陵王綸在南徐州卧內方晝有狸鬬於欄又有野鳥如鵲者數百飛屋梁上彈射不中俄頃失所在

太清元年丹陽民婦生男眼在頂上墮地言曰兒是旱疫鬼自是旱疫二年 又送石辟邪二於建陵左雙角者至陵所右獨角者將引於車上振躍者三車兩轅俱折未至陵二里所又振躍者三每一振躍車輪陷入地三寸

陳 大建十二年丹陽等處大旱

唐貞觀十三年三月壬寅雲陽石燃方丈晝則如灰夜則有光投草木則焚歷年乃止　大足元年七月乙亥揚楚常潤蘇五州地震　永貞元年旱　元和四年十一月旱　十一年潤常諸州水害稼　會昌元年江南大水　大中十二年水害稼

宋端拱元年五月雨雹傷麥　大中祥符三年夏旱熙寧六年饑　八年八月江南諸路旱　元祐三年潤州丹陽縣麥一本五穗　紹興元年秋七月乙未朔浙西大帥劉光世以枯秸生穗爲瑞奏之高宗曰歲豐人不乏食朝得賢輔佐軍中有十萬鐵騎此

外不足瑞也　三年七月淮西鎮江襄陽雨害禾麥　四年旱　十九年旱　二十七年大水　隆興二年蘇湖常秀潤等處大水民艱食　乾道元年二月行都平江鎮江紹興湖常秀州寒敗首種損蠶麥大饑　淳熙二年旱連歲大饑　紹熙三年七月壬申大水害禾麥　五年大旱人食草木　慶元六年大旱水竭民乏食　嘉泰二年大旱又蝗自丹陽入武進飛常蔽天數十里　開禧二年秋大歉　嘉定三年大旱　十一年旱蔬麥皆枯

元　元貞元年五月鎮江丹徒等縣水　延祐三年十

一月饑　至治二年十一月饑　泰定元年七月乙亥揚楚常潤地震　二年四月饑　天歷元年八月水没民田　至順元年六月饑　至正六年旱　七年十一月地震　十二年旱　十五年旱

明　洪武三年丹陽孫宗彝田名千石墟產瑞麥一莖五穗　正統五年丹陽金壇大水　景泰五年丹徒丹陽金壇大水　六年三縣大旱蝗丹陽尤盛　成化五年丹陽金壇大水　八年三縣大水　十七年三縣先旱後潦升米百錢　宏治元年二年三縣大水　十五年丹陽延陵鎮麥一莖兩穗　十六年丹

陽金壇大旱　十八年九月十三夜子時地震屋瓦
搖　正德元年二年鎮江大旱河底生塵餓殍塞途
五年五月狂風淫雨經月不止廬舍牆垣傾圮殆
盡漂溺不可勝數　十五年丹陽金壇大水　嘉靖
二年鎮江三縣春夏大旱處暑後大雨升米百錢
五年六月旱蝗蘆荻篠簜爲之一空幸不傷苗稼
十一年大水　二十三年大旱至二十五年四月方
雨升麥百錢　三十一年大水　三十五年冬地震
次年倭寇至城下　三十八年大旱河底生塵　四
十年大水民居水至半壁粒米無收自後逆水災者

六年　萬歷六年八月丙禾生蟲苗皆黃萎秀而不實災年亦如之　七年大水八月尤甚　十七年大旱升米二百錢前後三年大疫　二十四年三縣先旱後大水　三十六年大水　天啟二年十二月二十二日地震　四年五月大水歲大祲六月初五日大寒夜微雪十一月初八日大暑人裸體三日　五年大饑人採稻樹皮食之　六年六月初三日蝗渡江南秋大旱歲大祲人食樹皮　七年大饑有道人取石搗為粉作餅示饑者人爭取食之名觀音粉秋大旱生異蟲狀如蟬食禾根禾盡死　崇禎元年正

月望日雷　三年二月大雨雹三四月又大雨雹傷
麥及人破屋折樹鳥獸死九月復雨雹　五年六月
天甚寒人多衣棉者是年大旱　七年四月大雨雹
七月蝗冬十一月二十九日大熱十二月五日大雨
雪震雷及雹　八年春三月雀飛滿天食麥幾盡
九年正月望日雷二十八日又雨雹是月桃李華
十一年蝗是年大饑　十二年四月蝗是月每夜間
天有聲如泣　十三年有人食人之謠上元日民間
爲米粉人食之以應是年旱蝗民多疫果有人相食
之事　十四年春疫甚大旱五月蝗蔽天穀極貴饑

殍載道　十五年蝗　十七年春民間有羊毛瘟疫
染者多死
國朝　順治八年丹陽麥秀雙岐　九年大旱　康熙
七年六月十七日戌時地震先數日微震一二次是
夕震甚山搖動江河之水皆爲鼓盪停泊之舟多覆
溺地內外震倒牆屋無算　十一年蝗蔽天不爲災
十二年呂城有鳥千百爲羣繞林飛鳴不去或怪
之迹其下獲一大鳥毛羽五色燦爛如鳳凰北山朱
光遠家產一羊僅一角一目隨斃　十六年縣東七
十里賀氏祖塋名馬墓者有異鳥集林中三日高六

七尺舒吭約丈餘啄雞鳧爲食居民競奮擊急止之斃矣絲沈色存數羽長可三尺餘分啖其肉輒病有死者類海鳥爰居之屬　十七年旱　十八年旱十九年大水　二十年人日龍見呂城時天氣晴霽日近午有龍冉冉從東南來高出屋角僅約丈餘目光如電鱗甲歷歷可覩色上黃下微紅行數里始没或云有小龍隨其後雲霧擁之或云卽龍尾居民咸熟睹之　二十三年正月雷電雨雪夏天鼠結巢於麻黍之上　二十九年學宮泮池側醴泉出　三十二年大旱　四十六年大旱　四十七年大水　五

十一年地震　五十二年柳茹村產雙歧瑞麥　五十四年雨豆　五十五年東郊麥秀雙岐　五十六年旱　五十九年五月地震大旱　六十年蝗旱　雍正元年日月合璧五星聯珠又水　二年旱蝗　四年旱　五年水　七年謝家村產雙歧瑞麥　八年水　十一年水　乾隆元年水　二年水　三年旱荒　六年旱　九年旱　十二年旱　十三年斑塘村禾一莖九穗一莖九顆　十四年秋大熟疫　三十一年丙戌夏大水淫雨月餘河漲田沒　五十年大旱　嘉慶十九年大旱地生毛　道光元年疫

山田旱　三年水　十一年水鄉試改九月　二十年水鄉試改九月　二十八年水　二十九年水鄉試改十月　咸豐六年旱蝗地震　八年彗星見九年溝池水沸長星竟天　十一年長星見四月有大星自西南晝隕大如斗落地聲震　光緒二年秋民間以妖術放紙人剪辮髮印肌膚紙虎夜壓人相驚駭間有其事徹夜登高守望月餘始安江北蝗至偏野幸不傷稼秋收荒歉　八年二月初八日晚大雷電雨雪交集樹木枝幹瑩如水精樹壓折者甚多古謂木介未知是否　八年七月彗星見　九年十

月近晚則紅光竟天日高方滅　十年八月初八日

山北雨雹傷禾數十里折損房屋無算

重修丹陽縣志
卷之
八

【民國】丹陽縣續志

胡爲和修　孫國鈞纂

民國十六年（1927）刻本

祥異

光緒十三年夏雨雹傷禾　十四年大旱　十五年地生黑毛　十七年秋大旱蝗　十八年夏秋大旱飛蝗蔽天歲大歉冬奇寒傷人畜　二十年彗星見九月大雪　二十四年正月朔日食晝晦五月二十六日天空有聲如銅鼓隕石於東門里　二十五年大疫七月十四日龍見於天者十二　二十七年夏大水　二十八年大疫　二十九年大水　三十一年五月大雨雹七月彗星見十一月大雷　三十二年夏大水六月初四日大風拔木　三十三年十月桃

李華十二月大雷雨　三十四年元旦日食既秋彗星竟天

宣統元年十一月地震十二月彗星見桃李華　二年四月彗星見夜流星如織秋旱歲歉十一月二十七日亥地大震除夕大雷雨雹　三年二月八日黑眚見六月十九日大風折樹摧倒牆屋無算

丹陽縣續志卷之十九終

【乾隆】溧陽縣志

（清）吴學濂纂修

清乾隆八年（1743）刻本

灾祥

志灾祥慎天行也一鄉一邑似無關於郡國天下然上以厪君相憂勤下以覘井里豐嗇豈其微哉欣逢列聖勤求民瘼偏灾薄青蠲賑並施依古以來未有惠民若此者金饑木穰五運乘除之理而灾不至困者固補救參贊之力也宋以前不可考獨詳近事有以

夫

災祥

晉義熙五年五月癸巳雨雹

宋熙寧六年大旱

咸淳六年大旱

宋紹興十九年巳巳甘露降

明洪武初嘉竹瑞麥生

洪武二十年大旱六月大雨

二十九年大旱

二十四年地震飛蝗遍野

永樂三年大水

正統八年夏旱秋澇

景泰六年大旱民饑疫

天順元年城中火災公廨民居延燒殆盡

成化四年夏大旱水竭

十七年春夏大旱七月大雨水溢

十九年正月大雪七日樹介

弘治十四年十月十七日地震

十八年九月十三日地震

正德三年秋大旱

五年七月大水

十四年大水

十五年復大水

嘉靖二年大旱民多飢死

七年大旱

十四年旱蝗蔽野

十五年夏雨雹大如斗牛馬多擊死

二十三年大旱自六月至九月不雨

二十四年復大旱

二十八年大水

三十八年大旱

三十九年冬大雪水冰禽鳥多凍死

四十年大水七月地震

四十一年大疫

嘉靖四十四年六月朔白燕於義城山莊

萬曆七年大水

八年復大水

九年大疫

十三年二月初六日地震

十六年大旱

十七年復大旱疫

三十六年大水

天啓二年十二月二十二日地震

四年大水

五年夏日中見星日無光旁有黑子如日者十數

崇禎十一年至十四年連歲大旱湖坼見底蝗蔽野

十五年大疫

國朝順治五年大雨雹二麥無秋

六年獲虎於長蕩湖三月鵲巢於田秋冬之交虎傷

晝行

七年大水

八年五月十八日雷雨晝晦行者以火夏大水

康熙三年大水十月彗星見於南自翼軫西行直抵婁

宿經五十餘日歷一十三宿

四年正月彗復見

皇恩大赦

七年大水六月十八日地震

九年大水知府張際龍行縣勘災以縣令楊待之頗

簡心鄉之災故不報楊亦終以此被褐去

十一年大水

十五年大水

十六年嘉禾生一叢數百莖一莖五穗高旁種尺許

產於沂橋郝氏田

十七年產瑞麥一莖五岐生於栢枝鄉姜氏田許督

院

十八年大旱知縣裴袤泣陳督撫奏　聞緩徵秋糧

十九年大水瀰望百餘里皆成巨浸知縣裴袤泣陳

督撫奏請奉　旨蠲額賦十之三秋糧緩徵一半

二十二年春水泛濫二麥籽粒無收

二十七年地丁輪蠲全蠲

三十二年秋澇傷禾歲眚

三十七年秋澇傷禾歲眚

三十九年地丁輪蠲全蠲

四十一年秋大水圩田災

四十六年秋大旱高田灾圩田半收

四十七年秋洪水泛濫民房飄蕩四野驚惶水灾爲從前所未有漕米及新舊地丁停徵來春蠲賑平糶

四十八年春夏疫癘流行入秋乃安雨澤甚少傷不爲灾

五十年以前未完地丁 恩例概行蠲免係六十一年十一月十三日 詔諭

五十二年地丁輸赦全蠲

五十三年夏秋大旱田禾被災地丁每兩蠲一錢六
分六厘

五十五年夏秋大水田禾被災地丁每兩蠲一錢八
分六厘

六十年秋大旱半月絶流禾稼被災地丁每兩蠲一
錢四分四厘

六十一年秋大旱蝗蝻徧野田禾被災地丁每兩蠲
二錢一厘八毫

雍正元年秋大旱有蝗災傷特甚地丁每兩蠲二錢

二厘五毫

四年秋大水圩田被灾地丁每兩蠲一錢五分六厘

一毫

七年秋疫癘流行歲稔

八年夏秋疫癘行冬底乃安歲稔

十二年夏秋大水圩田被灾地丁每兩蠲一錢五分

五厘五毫

十三年十月二十日欽奉

恩旨盡免十三年以前未完銀米

乾隆二年秋大水圩田被災蠲免地丁銀七千四百
一十三兩二錢三分零米四十一担九斗九升零
豆一百六十一担二斗七升零更有緩徵銀米普
賑災民貧生三個月
三年秋大旱高田被災圩田半收蠲免地漕銀二萬
五千二百兩八錢八分零米二萬一千八百四十
六担九斗零豆五百一十六担一斗一升零普賑
災民貧生又加賑極貧共六個月
四年夏蝗撲不爲災

五年四月間雹傷麥詳請借給籽種免息

六年圩田被水補種歉收詳請借給籽種免息

七年九月奉蠲雍正十三年未完地丁銀

八年水淹田一十九萬八千餘畝賑一月蠲銀六千二十九兩七錢零蠲米豆共一百六十六担一斗零緩征九千九百三十五担九斗零

坊表

坊表者朝廷厲俗磨鈍之方也士以道德型邦科名濟美則表之女以松栢比貞氷霜矢潔則表之標題

楔額寧唯是誇耀門閭餙爲觀美哉激勸之權寓於褒榮之内瞻仰徘徊勃焉感發勿讓古人專美於前則庶幾矣

育材坊後改登俊八廢　仁和坊　瑞蓮坊舊在永定坊北門　招遠坊青安門内　善政坊縣門左知縣靳璋題　善教坊縣門右靳璋題以上俱廢　科第坊　儒林坊學宮左右已改名見前　興賢坊　育賢坊春雨橋左右廢　崇儒坊東南隅　澄清坊察院右　迎恩坊西門外　鍾英坊縣西隅　觀德坊東南隅社學右　節孝坊奉勅爲陳際妻王氏建表成令柱石施迎恩寺有記　忠節坊在學東爲戴慶祖建其裔戴聖明重脩　恩榮坊在春雨橋爲鍾遐齡建　五

【嘉慶】溧陽縣志

（清）李景嶧、陳鴻壽修　（清）史炳、史津纂

清嘉慶十八年（1813）刻本

溧陽縣志卷十六

雜類志

瑞異

謹案江南通志祥異一門入雜類今遵之

晉義熙五年五月癸巳雨雹

宋熙寧六年大旱

紹興十九年己巳甘露降

咸淳六年大旱

明洪武初嘉竹瑞麥生十五年彭子奐妻李氏享年一百一十八歲據彭譜李以宋度宗咸淳元年生二十年大旱六月大雨

二十九年復大旱

建文四年地震飛蝗遍野

永樂三年大水

正統八年夏旱秋澇

景泰六年大旱民饑有疫

天順元年城中火公廨民居殆盡

成化四年夏大旱水竭十七年春夏大旱七月大雨水溢十九年正月大雪七日樹介

宏治十四年十月十七日地震十八年九月十三日地復震

正德三年秋大旱五年七月大水十四年十五年復大水

嘉靖二年大旱民多饑死七年復大旱十四年旱蝗蔽

野十五年夏雨雹大如斗牛馬多擊死二十三年大旱自六月至九月不雨二十四年復大旱二十八年大水三十八年復大旱三十九年冬大雪樹介禽鳥多凍死四十年大水七月地震四十一年大疫

萬歷七八年俱大水九年大疫十三年二月初六日地震十六年大旱十七年復大旱疫三十六年大水四十五年濮陽鉅得年一百歲（撫冊結銜以武宗正德十三年生）邑侯給以太古遺民之額

天啟二年十二月二十三日地震四年大水五年夏日中無光見星又日旁星光相摩如數十百日（此據明史舊縣志作旁有黑子如日者十數）

崇禎十一年至十四年連歲大旱湖竭見底飛蝗遍野

十五年大疫

國朝順治五年大雨雹二麥無秋六年獲虎於長蕩湖虎

假毒行三月鵲巢於田七年大水八年二月十八日雷

雨雪梅夏大水

康熙三年大水十月彗星見南方自翼軫西行抵婁宿

經五十餘日四年二月彗復見

皇恩大赦七年大水六月十八日地震九年大水舊縣志云知府張際飛行縣勘災以縣令楊待之頗簡心銜之災故不報楊亦終以此被掛去十一年十五年復大

水十六年嘉禾生沂橋郝氏田中一叢數百莖一莖五

穗高旁種尺許又王綸橋邊有一莖數十穗者十七年

瑞麥生稻枝劇姜氏田中一莖五岐知縣裴袞申詳督院十八年大旱十九年夏秋大稔各鄉以岐麥獻瑞按察金某觀風有麥瑞五岐賦又夏林瑞萊一株自根至葉半紅半青載送縣署或圖刻作頌僕裴入　都是年大水二十二年春水泛溢二麥無收三十二年三十七年俱秋澇傷禾四十一年秋大水圩田災四十六年秋大旱高田災圩田半收四十七年秋洪水泛溢漂蕩民房四十八年春夏疫癘入秋乃安雨少不爲災五十三年夏秋大旱傷禾五十五年夏秋大水六十年秋大旱嘶流半月六十一年秋大旱蝗蝻遍野

雍正元年秋大旱蝗四年秋大水圩田災七年秋疫歲

稔八年夏秋疫冬庶乃安歲稔十二年夏秋大水圩田災

乾隆二年秋大水圩田災三年秋大旱高田災圩田半收四年夏有蝗撲滅不爲災五年四月雨雹傷麥六年圩田被水補種歉收八年水淹田一十九萬八千餘畝（謹案自順治五年至乾隆八年並據舊縣志及瀨水備聞）二十年八分水災二十六年三十一年俱五分水災三十三年七八分旱災不等三十四年被水三分有餘四十年七八分旱災不等四十三年五七分旱災不等五十年七分旱災有蝗走而不飛五十一年麥大稔

嘉慶四年知縣事周焌以考職主簿史楚親見七代五

世同堂具詳五年巡撫岳以楚妻馬氏及子鼎輝媳秋

氏以下五世同堂　題准部覆

恩給昇平人瑞扁額緞疋銀兩五年九年水不成災十二年

旱災五分十五年滸莊錢克新妻楊氏享年一百歲以康熙五十年生十六年嘉禾生永定匯下尖圩戴氏田中一叢

百餘莖一莖五六穗不等謹案自乾隆二十年至嘉慶十六年並據案牘及採訪冊

紀聞　案紀聞次敘亦略依本書門類不以時代爲後先以便尋檢覽者詳焉疑辨補遺同

（清）朱畯等修　（清）馮煦等纂

【光緒】溧陽縣續志

清光緒二十五年（1899）活字本

溧陽縣續志卷十六

雜類志

瑞異

彭子美妻李年一百十八歲已見舊志瑞異李孫眞年一百九歲眞妻白年一百二歲一門三壽俱逾期頤洵稱人瑞據彭氏譜補

嘉慶十八年春正月雨雹十九年夏旱大疫地生白毛二十年夏五月飛蝗蔽天而過不爲災是秋有年二十五年訛言翦人髮

道光元年秋疫三年大水民飢秋七月水沸有聲居民咸登舟避之十一年秋八月地震十九年秋九月地震

二十年冬十有二月晦震雷二十一年國子監生談秉禮五世同堂知縣鄧秉乾獎以五世其昌額二十二年春二月大雨雹夏六月日有食之既晝晦二十六年秋夜大風有赤光自北而南聲隆隆若濤流星隕如雨地大震二十九年夏淫雨川麥盡沒兩月始平水鄉飢三十年夏麥熟秋有年

咸豐二年冬十有一月朔日有食之晝晦地震三年春正月日無光燐火四起不何月僉陵附三月地大震水沸有聲地生毛夏四月彗星自西北竟天五年冬十有一月水沸六年春三月彗星見於東南夏大旱地生白毛秋蝗民飢七年春蝝生夏麥大熟五月霖雨蝗盡死

秋大有年八月有彗星見於北斗九年天雨血空濛若霧以手承之有頃流丹是年國子監生談秀延五世同堂教諭徐杏儀奬以熙朝人瑞額十年春三月雨雪白霰至夜乃止是月縣城陷於粵寇十一年春正月大雪避寇者逃於山谷中多凍死彗星見於西方光芒垂地

同治三年春三月縣城復有狼嚙人秋多野豕傷禾冬大雪野豕自斃四年夏水七年秋八月大雨雹多野豕八年春有豺食野豕殆盡夏六月大風敗屋雨雹十年秋七月太白晝見經天十一年春三月大風發屋夏六月地震

光緒元年麥稔秋水二年夏四月訛言剪辮三年自三

月至五月不雨夏五月蝗大風發屋拔木是年知縣王
祖慶以已故縣學生員蔣鍾祥妻趙氏親見七代五世
同堂具詳題准部覆
恩給續榮八秩頒緞疋銀兩五年春三月雨雪冬十有一月
夜雷七年秋七月夜隕霜八年夏雨雹秋八月彗星見
於東北十二年冬十有一月雷震斃一人十二月大雪
樹介十四年旱地生草如毛夏秋疫癘十五年春三月
知縣李超瓊以彭高庚妻錢一產三男賞銀米有差秋
九月連雨四旬傷禾十六年夏秋疫癘十七年自春徂
夏旱六月大霖雨秋有年夏秋復有疫十八年夏秋旱
有蝗二十一年秋九月大雪二十二年夏水秋旱二十

五年州同銜蔣廣生親見八代五世同堂督學瞿鴻禨

奬以燕翼會元額

【民國】重修金壇縣志

馮煦等纂

民國十五年(1926)上海商務印書館鉛印本

雜記志下

祥異

吳大帝黄武二年五月曲阿甘露降　齊和帝中興元年十二月茅山甘露降彌漫數里

晉成帝咸和六年五月癸亥曲阿有柳樹枯倒六載忽起復生

明太祖洪武二十三年邑東門劉鑑堂後産靈芝一本九莖

孝宗弘治六年縣北村落間野蠶成繭㹠㹠然綴於桑柘之間比屋皆然

弘治六年秋白鵲巢於西禪寺樹上飛鳴上下群鵲隨之

弘治十五年四月麥秀雙岐嘉靖十六年亦然有一莖三穗者麥大稔萬曆七年亦有一莖雙穗者　國朝雍正二年道光二十一年光緒元年十一年二十

四年皆有麥秀雙岐之瑞
明弘治十五年五月有白龍見於雲表横亘數十里是秋大稔
武宗正德五年邑將覺家谿池蓮一蒂雙花
武宗正德五年邑人王信塚上生竹一本三莖
神宗萬曆二十二年周莊村民湯培田禾一莖九穗既刈復生　國朝雍正十
三年戴圩村鍾姓田禾一莖十餘穗長尺許俗稱稻王
懷宗崇禎五年冬邑張明卿家小樓屋瓦濃霜皆成花卉草木之狀十三年十
二月河冰結成花木鳥獸形　國朝道光二十八年河冰狀如菱葉咸豐五年
狀如刀槍人馬光緒五年成梅樹花蕊形十二年如枯樹形二十五年形若刀
槍器械三十一年狀如無枝葉草木
唐元宗開元九年暴風雨發屋拔木德宗貞元八年五月大水宋太宗淳化五

年水高宗紹興三年二十九年皆水孝宗乾道元年水傷蠶麥甯宗嘉定十六年大水元成宗元貞元年五月水明英宗正統五年大水景泰五年大水憲宗成化五年八年皆大水十七年先旱後潦斗米百錢孝宗弘治元年二年七年八年均水武宗正德五年五月狂風淫雨經月不止公私廬舍牆垣傾圮殆盡纍瓶滔天漂溺不可勝數六年七年十一年十五年均大水世宗嘉靖二年春夏大旱處暑後大水高低皆災斗米銀二錢十一年二十二年二十八年三十一年三十七年三十九年均大水四十年尤甚低鄉民居水至半壁自後連大水者六年神宗萬曆五年七年大水八年尤甚水退後補種稻秫苗旱蝗萎民有菜色二十四年先旱後水三十六年大水熹宗天啟四年三月淫雨五月大水壞屋廬倒圩岸平地水深數尺舟行田中徑入村市是年大祲　國朝順治八年大水康熙十五年大水低秋不能插苗十九年四十七年均大水雍正十

二年大水漕船得泊城下乾隆二十年大水二十六年三十一年三十四年均水嘉慶五年九年均水道光三年大水十一年大水十三年自八月至十月風雨陰寒苗秀而不實大饑二十年大水村落盡淹斗米四百餘錢大饑二十九年大水二麥朽壞禾苗被淹積潦不退斗米五百餘錢民大饑三十年又水同治四年七年八年均水光緒元年三年水十五年夏大水秋尤甚二十七年大水圩堤衝決設局籌賑三十二年大水設局賑濟宣統元年二年三年均大水

宋眞宗大中祥符三年旱嘉泰二年大旱自春不雨至於秋嘉定二年大旱七年自秋不雨至於冬蔬麥皆枯元成宗大德元年大旱武宗至大元年泰定帝天曆元年皆旱明景帝景泰六年大旱孝宗弘治十六年大旱武宗正德元年二年皆大旱河底生塵草木焦枯次年餓殍塞道世宗嘉靖二十三年大旱至二十五年四月方雨洮湖生塵三十八年大旱河水竭神宗萬曆十七年大旱

熹宗天啓六年春久不雨洮湖竭大旱地坼有饑死者七年秋大旱懷宗崇禎元年六年均大旱十一年大旱洮湖水竭十三年旱自此連旱三年米石銀四兩民死無算　國朝康熙十年夏五月大旱至七月始雨十七年十八年俱大旱籽粒無收四十六年五十三年六十一年均旱雍正元年二年旱乾隆三十三年大旱四十年四十三年五十年均旱嘉慶十二年旱十三年大旱湖坼見底大饑設粥以待饑者十九年大旱與十三年同二十四年二十五年皆旱道光十五年大旱河港皆涸咸豐六年大旱自五月不雨至八月河湖皆竭同治十二年旱河水涸光緒五年大旱十六年十七年均旱十八年大旱設局賑濟二十一年二十六年皆大旱

元文宗天曆元年蝗明景帝景泰六年蝗世宗嘉靖五年蝗自是連七年飛蝗蔽天蘆荻篠蕩為之一空神宗萬曆六年八月不生蟲苗皆黃萎秀而不實次

年亦如之熹宗天啓六年閏六月蝗蝻飛蔽天不絕者八日七年秋生黄蟲狀如蟬食禾根禾盡死懷宗崇禎六年八月生青蟲結稻如屐被家連作片十一年夏蝗十二年秋生青白蟲傷禾十三年秋蝗食禾殆盡十四年夏五月飛蝗蔽天十五年六月蝗又生蝝蟲飛則蔽空止則積地至寸餘 國朝康熙六十一年蝗雍正元年蝗咸豐六年飛蝗蔽天食禾殺過半民多餓莩七年蝗不爲災光緒三年飛蝗入境食竹木樱蘆葉盡惟不害禾十七年蝗不爲災十八年飛蝗蔽天食草殆盡二十年秋七月蝗食竹葉蘆葦殆盡二十一年蝗蝻生歲歉

明孝宗弘治十八年九月十三日夜子時地震屋皆搖撼神宗萬曆三十二年九月七日未刻地震有聲如雨舟相觸熹宗天啓二年十二月二十二日地震

國朝康熙七年六月十七日戊刻地震牆屋搖撼移時乃止咸豐二年冬十

一月初七日地震三年二月初三日地震門樓屋瓦搖蕩有聲同治十一年夏六月十九日地震宣統元年十二月十八日戌刻地震門樓皆動銅環器皿振動有聲二年秋地震有聲自西北來

明熹宗天啓四年春正月二十五日大雨雹二十九日又雨雹二月六日又雨雹六月五日大寒夜微雪　國朝順治十八年六月初四日甚寒未刻雪道光二十二年春二月十九日大雨雹毁屋傷麥咸豐十年閏三月十五日先雹後雪翌日又雹雨雪雜下同治八年夏六月二十八日大風毁屋先雹後雨光緒十九年六月十一日大寒有雪宣統元年六月初四日先雨後雹毁屋傷禾

明熹宗天啓四年九月二十一日午刻有兩星見懷宗崇禎七年正月十八日夜東北有異星横長五尺如架梁左右紅光四射　國朝順治十七年七月七日夜三更有大星徑寸如月光燭地自西北至東南尾長竟天康熙四年正月

六日未刻日之四旁有如日者六七黄碧綠黑其色各異道光二十二年六月朔日食天色晦冥緇素不辨列星皆見三十年正月朔日食咸豐二年十一月朔日食晝晦三年二月十六日色昏黄結暈五道六年三月慧星見東南方十一年秋七八月慧星見西方光芒燭地同治十年七月太白晝見經六十餘日十二年八月太白晝見十三年慧星見光緒二十九年熒惑入南斗三十四年熒惑守斗宣統二年攙槍見

明懷宗崇禎四年夏六月槐無花八月桃有花十年槐無花十二年三月李梅生桃　國朝道光二十二年八月玉蘭花開李桃實如鬼面咸豐九年十一月桂樹生花光緒二年十月桃花盛開鮮豔如春

明懷宗崇禎七年冬十二月五日大雨雪震雷及電　國朝順治五年冬十二月雷震光緒三十年十二月十五夜震雷及電三十三年除夕雷電交作宣統

元年十二月十二日夜大風雨震雷及雹三年元旦震雷
明崇禎十五年秋大疫十七年春民間有羊毛瘟背上有羊毛一撮剔去即愈
否則立死嘉慶十九年大疫夏秋寒氣鬱蒸疾作者不及救民死無算光緒十
七年夏秋之交盛行瘰螺痧人死無算二十八年疫
國朝康熙十一年五月十八日龍起白龍廟拔屋折樹過南唐南窰至小墟村
屋壞傷人所過處稻盡偃闊丈許人以爲龍行地上十二年冬十二月十八日
未刻雨龍懸天南夭矯蜿蜒至申時始收六十年六月有龍懸學宮旁腥氣逆
鼻焚香禱之騰空而去咸豐九年夏六月黑龍自城上飛過去地僅數丈鱗甲
森然
國朝咸豐二年冬地生毛五色相間叅差有孔六年春九年秋十年春皆同
咸豐三年春南鄉河水陡漲數丈移時平落奔放有聲五年夏各鄉河塘水沸

光緒五年夏五月十二日夜王井觀河水中分見底移時始合其聲若嘯

咸豐三年春正月初九日夜鄉間有燐火千百成羣或徑自渡河或徐行野路

空中並有人馬聲歷夜皆有聞見嗣是無歲不然至十年城陷止

宣統二年六月初四日大風自西北來屋瓦皆飛大木盡拔

【光緒】溧水縣志

（清）傅觀光等修　（清）丁維誠纂

清光緒十五年（1889）刻本

庶徵

漢悲帝五年夏旱

桓帝建和元年饑

獻帝建安二年大饑

吳少帝五鳳元年夏大水　二年大旱

晉惠帝元康六年大水

懷帝永嘉三年夏大旱　四年夏四月大水

元帝大興三年春二月辛未雨木冰六月大水　永昌元年大旱

川谷竭

成帝咸和五年無麥禾大饑

穆帝永和四年夏五月大水　八年春正月乙巳雨木冰

帝奕太和五年夏六月大水

孝武帝太元六年夏六月大水　十四年冬十二月乙巳雨木冰

安帝義熙五年夏五月癸巳雨雹

宋文帝元嘉八年夏閏六月旱　九年春雨雹傷人畜　十二年夏六月大水　二十四年大水疫癘

孝武帝大明八年大旱

齊武帝永明九年秋八月大水

梁武帝天監元年大旱是歲米斗五千人多餓死　四年歲大穰米斛三十　七年夏五月大水　十二年夏四月大水

簡文帝大寶元年大旱人相食

陳宣帝太建十四年秋八月癸未夜天有風水聲乙酉夜亦如之九月辛亥夜天有聲如蟲飛

唐太宗貞觀八年大水

德宗貞元八年秋八月大水害稼

順宗永貞元年秋旱

憲宗元和三年旱　四年春旱饑

文宗太和四年大水

武宗會昌元年秋大水

僖宗中和四年大旱饑

南唐元宗保大十年旱　十一年旱蝗

宋太宗至道三年大旱

真宗大中祥符五年旱

仁宗天聖元年秋大饑

神宗元豐元年春旱

孝宗隆興元年秋八月大水　淳熙二年旱

理宗寶慶三年秋澇

度宗咸淳二年夏霪雨逾月　三年忠鶴鄉麥秀兩岐

元世祖至元十九年大水

成宗大德十一年大旱

武宗至大二年夏六月蝗

明太祖洪武三年夏六月旱　八年秋八月大旱　十八年夏五月五色雲見　二十六年夏四月大旱

成祖永樂十三年秋九月大水

宣宗宣德九年大旱

英宗正統三年旱饑

代宗景泰元年秋七月大水平地三尺　六年旱饑

英宗天順三年旱　五年連月旱傷稼

憲宗成化四年夏大旱　六年夏四月大水　二十一年秋大旱

孝宗弘治元年大旱　七年夏大水秋九月大風屋瓦俱落

武宗正德三年夏大旱　四年夏六月空中有聲自北來如數萬甲兵踰月乃止冬大雪樹多枯死　五年大水

世宗嘉靖二年大旱人相食　三年饑賢鄉麥秀兩岐夏大疫　十年大水沒民居　十一年夏秋蝗　十七年馬鞍東廬諸山蛟

出蕩民居　二十三年大旱　二十四年大旱　二十五年旱
三十二年旱　三十八年大水潰圩蕩民居
神宗萬曆七年大有年米一升錢三文　十五年旱　十六年大
饑人相食　十八年春三月雨絲絮秋七月旱冬十月既望桃李
華　二十三年春正月上旬儒學桂樹華夏六月蛟出潰諸圩
二十六年旱蝗秋七月中山枯樹復榮　三十四年春正月夜邑
西北隅有赤光一道直抵東南　三十六年夏五月大水蕩民居
圩盡潰歲大饑　三十九年冬十月既望地震　四十二年大有
年米一升錢五文　四十五年秋八月既望五色雲見
熹宗天啟四年夏五月蛟出蕩民居　五年春二月十九日地震

夏五月十七日大風雨晝晦秋旱冬十一月二十五日夜地震有聲　六年旱

懷宗崇禎元年夏五月三日大風拔木　三年夏四月二十七日雨雹　五年秋旱　八年夏四月七日雨雹傷麥　十年冬十一月二十九日地震　十一年夏六月旱蝗　十二年大饑　十三年夏五月旱蝗大饑斗米千錢禾稼皆絕冬十月十二日夜地震有聲　十四年夏六月蝗飛蔽野旱饑大疫秋八月十九日雨雹　十六年冬十月大雨雹十二月十一日寅時地震有聲自西北來移時乃止

國朝順治二年春正月大雪盈尺　六年山陽鄉諸郇武姓家有

稻飛出如漿蛟屣尖格而收之　七年夏四月麥秀兩歧閒有三
穗者六月大風拔木三晝夜乃止　八年夏四月十二日大風拔
木雨雹傷麥五月峒峴山蔣姓家有牛產一犢腹下肉足　九年
旱
康熙七年夏六月十七日戌時地震　八年水　九年水　十年
旱蝗　十二年有虎患　十八年旱　十九年水疫有虎患　三
十二年旱　四十六年有虎患一日得五虎患乃止　四十七年
秋七月初八日大雨蛟發東廬山秦淮河水漲沒民居諸圩盡圮
四十八年旱疫　四十九年夏水　五十年秋旱　五十二年
東郊有虎患　五十三年旱　五十五年秋旱　五十八年夏蛟

出城內荊城者山水没民居　六十年秋旱夜大雨没民居　六

十一年秋旱飛蝗自東來害禾苗

雍正四年水　七年春二月至夏四月雨不止害麥苗　十二年

夏大水　十三年春歸政鄉家凝邨盧姓田麥秀兩歧計數十畝

乾隆元年邑西北有蝗自五月至七月霪雨不止圩田盡没有蝗

三年旱　四年春三月白鹿鄉有蝗不爲災　八年夏五月大

佃雨蛟出圩田盡没有蝗　十一年禾大稔穟生黑粒實如大豆

十四年疫　十六年旱自五月至八月不雨　二十年有蝝饑

二十一年疫　二十九年五月二十八日未時地震　三十二

年大水　三十三年旱　三十四年大水饑冬十二月戊寅卯時

地震　三十五年春正月二十九日未時地震夏疫　三十八年
歲大稔　四十年秋旱　四十一年歲大稔　五十年大旱不雨
無麥禾大饑　五十一年春無麥秋稔
嘉慶七年秋旱　八年冬雨雪盈尺　十六年秋大水　十九年
大旱秋無禾歲大饑
道光元年旱　三年水　四年秋疫　五年水　八年春陰雨無
麥　十一年夏大水七月地震彗星見　十三年水秋疫　十四
年春無麥　十五年旱蝗　十八年水　十九年水　二十年大
水　二十一年水地生毛　二十二年水六月朔日食既晝晦星
見　二十五年水　二十八年水　二十九年夏五月大水蛟川

東鄉各山村鷄夜驚民居

咸豐元年麥秀兩岐間有三四穗者　二年彗星見西方　三年春正月夜地震有聲移時乃止三月地又震　五年五月諸水無故自溢　六年夏五月至秋不雨旱蝗有大星自西南流墜東北光芒數丈有聲　七年春有蝗蝝四月蝝生如蟻得雨而絕　十一年夏六月彗星長竟天

同治元年大疫時寇亂方劇民皆乏食死者無算　二年蝗　四年水　八年大水　九年歲大稔　十年秋七月夜空中有聲如蟲飛旬日乃止　十一年五月五日雨雹大風拔木

光緒元年蝗不爲災　四年蝗不害稼　五年春三月忠裕鄉雨

饉傷桑麥　六年歲大稔秋疫　七年春正月戊子雷且雹大雪

連旬二月壬寅雨木冰是歲中稔

溧水縣志卷一

【民國】高淳縣志

劉春堂修　吴壽寬纂

民國七年(1918)刻本

祥異

春秋二百四十年書大有者僅二而無麥無禾大水不雨則屢書不一所以謹天變重民命也淳雖一隅雨暘寒燠詎不關人事哉故兹編紀水旱特詳其餘休咎之徵凡久近有傳者悉著於册亦竊取春秋之意云爾志祥異

宋至道三年大旱

元豐元年戊午春旱

寶慶三年丁亥秋澇

咸淳三年丙寅夏霪雨連月

元至大二年戊申蝗

明洪武八年乙卯大旱

永樂十三年乙未九月大水

宣德九年甲寅大旱民間死者甚衆

景泰元年庚午大水平地三尺

八年丁丑大水

天順八年甲申大水

成化四年戊子夏大旱

六年庚寅四月大水

二十一年乙巳秋大旱

宏治元年戊申大旱

六年癸丑大雨雪

七年甲寅夏大水九月大風屋瓦俱落

正德三年戊辰旱

四年巳巳旱六月空中有聲自北來如數萬兵踰月方止冬大雪

樹皆枯死

十一年丙子明倫堂火

十二年丁丑水

十三年戊寅水

十四年巳卯大水

嘉靖二年癸未大旱

三年甲申正月朔地震有聲自春至夏疫癘大作死者相枕於道

四年夏地震

八年巳丑大水

十年辛卯大水沒民居

十三年甲午大水

十六年丁酉大水

十八年己亥大水七月蝗飛蔽天已而大霧三日蝗死浮湖數十里

二十三年甲辰旱

二十四年乙巳大旱湖水竭民死相望

三十九年庚申大水圩潰民饑冬樹冰

四十年辛酉大水舟入市

隆慶二年戊辰大水

四年庚午水

萬歷二年甲戌秋大水九月圩破穀熟無收

三年乙亥大旱

四年丙子蝗

七年己卯大水六月雨黑水雨蟲是年立信鄉魏時年一百一歲

被獎

八年庚辰三月縣西北地裂夏大水民食榆皮

十年壬午大水

十一年癸未三月雹有年

十三年乙酉地震立者皆仆

十四年丙戌大水

十五年丁亥六月大雨連月圩埠盡潰民舍蕩沒哭聲徧野

十六年戊子大旱大疫道殣相望

十七年己丑五月至八月不雨

十九年辛卯大水

二十年壬辰雨蓮實

二十一年癸巳四月麥秀兩穗十月雹稻偃泥中

二十四年丙申八月地震

二十五年丁酉地震秋螟

二十六年戊戌正月雨黑水三月大雨圩田沉沒麥不可食八月塘水忽躍起數尺湖中水鬭

二十七年麥秀兩岐

二十八年庚子大水

三十一年癸卯花山産芝六月丹陽湖蓮開並蒂

三十二年甲辰春遊山有彩雲凝聚如蓋四月麥秀兩岐夏縣治西雨粟十一月九日戌時地震

三十五年丁未十月雨血沾衣有色十一月地震十二月雪數尺

三十六年戊申大水舟入市歲大饑

四十年壬子閏十月二十九日夏家塘無風水忽湧高數尺

四十二年甲寅有鼠數萬入於湖

四十三年乙卯疫

四十四年丙辰七月二十日蝗蔽天八月六日雷雨作蝗東去

四十五年丁巳大旱蝗至是年春雀食花蕊盡

四十七年己未蝗食苗官撲之

四十八年蝗多不害稼是年有秋

天啓三年癸亥冬十二月二十二日地震有聲屋傾水泛是年崇

教鄉民陳錫妻年百歲

四年甲子地震大水圩盡潰以災上聞

七年丁卯雷雪交作

崇正六年癸酉冬樹氷成甲冑形越旬始解

九年丙子蝗
十年丁丑下壩決
十一年夏大旱道殣相望
十二年己卯二月雨黑雨四月蝗食秧田未蒔大旱
十三年庚辰旱圩田有秋二月地震有聲虎渡槓溪伏東林越一日渡固城湖去
十四年辛巳大旱有蝗四月至十一月不雨疫癘大作饑氏就山取白土爲食名觀音粉李樹生物如爪
十五年壬午蝗大水人面鳥見西沙遊山孔氏僕婦産連六子不育虎見於永豐殺之
十六年癸未河城橡樹開桃花六月大旱人爭汲水致鬬冬十一月雷雹

十七年甲申四月有黑氣自北而南其長竟天五月尋真鋪雨黑

鯉食之無異常魚大風迅雷繆家山積黑蛇數千旋腐

清初順治二年乙酉二月大風拔木五月大兵至江南高淳知縣

李素去之縣丞屠大棟歸附

五年戊子麥秀兩岐間三岐

六年己丑三月雨黑水四月甘露降

七年庚寅八月十日地震

八年辛卯二月地震八月大水水退禾復生一莖雙穗仍有年

九年壬辰旱

十一年甲午有秋

十二年乙未有秋

十三年丙申四月官墩麥秀兩岐永豐圩麥秀三岐

十四年丁酉八月虎見西陡門小湖

十五年戊戌六月老新圩蓮開並蒂十月無菜

十六年巳亥十二月大雷

十八年辛丑夏旱

康熙二年癸卯秋大水

三年甲辰水

五年丙午有秋十二月湖氷經旬不解

六年丁未八月蝗穰之即去不甚傷稼

七年戊申夏大水六月十六日戌時地大震牆屋圮人立仆九月

地出羊毛長三四寸雨粒如紅豆

九年庚戌夏水有秋十月虎至南蕩圩殺之

十年辛亥旱

十一年壬子七月東山獲人面鳥見十月虎至澄溝殺之

十二年癸丑　月四日卯時地震是年山鄉多虎傷人十二月二

十七日大成殿火

十四年乙卯蘆溪孫方榮妻夏氏壽百歲

十五年丙辰水六月雨雹七月縣西栗樹開紅花

十六年丁巳五月唐昌氷雹傷人秧麥俱盡

十七年戊午秋大旱

十八年己未大旱民食榆皮盡復食柘皮多脹死餓殍盈途鬻妻

女者舟車絡繹

十九年庚申有秋

二十年辛酉四月麥秀兩岐十月虎至一字埂錢村

二十一年壬戌七月明倫堂傾

二十二年癸亥春夏水山田有秋

二十三年甲子大水圩岸崩

二十九年庚午冬大雪菓樹多凍死

三十二年癸酉夏大旱屆秋始雨歲不為災

三十八年己卯水　四十一年壬午大水禾没米賤每石六錢

四十二年癸未永成鄉北埂陳汝化妻卞氏百歲

四十四年乙酉蝗出無歛穡永豐為甚十月虎出花山殺之

四十五年丙戌蝗九月虎藏八字角竹園中逐去之

四十六年丁亥旱秋九月虎伏於龍潭邢氏稻田中傷刈穫者逐
之旋去

四十七年戊子夏五月大雨連旬諸圩悉破船達於市七月又大
雨水漲更甚哭聲遍野

四十八年己丑大疫自春及秋死亡過半裸葬者纍纍草棘叢生
遍於衢市

五十一年壬辰六月微雪十一月二十五日地震

五十二年癸巳五月丹陽湖水漲有鼠無數渡河入圩食苗越數
日有蛇食鼠盡是歲有秋

五十三年甲午大旱山田禾稼不登

五十五年丙申旱冬大雪盈丈

五十七年戊戌大雨雪

五十八年己亥大水圩田盡沒

六十一年壬寅七月有星自西而東光長竟天逾時始沒

雍正元年癸卯旱蝗飛蔽日傷稼來年夏蝝生不爲災

四年丙午大水圩破田沒五月十日酉刻大風自西北來傾屋拔

木菓實吹落殆盡

五年丁未水夏米翔貴有秋

七年己酉有秋米價賤

八年庚戌水

九年辛亥水冬桃李花

十年壬子遊山民孔興友年百歲

十一年癸丑大水

十三年乙卯八月大風三日秔稻脫落過半

乾隆元年丙辰水李樹生王瓜

二年丁巳水秋螟傷稼

三年戊午旱山田不登

四年己未麥秀五岐

五年庚申永成鄉相國圩麥秀五岐

六年辛酉春雨三月秋七月復大風雨稻壞

七年壬戌正月至四月雨二月十六日酉刻大風拔樹

八年癸亥春大雪夏大水圩田盡沒四月大雨雹傷麥五月九日卯時地震踰刻復震有聲十一月十七日初昏彗星見於室壁之間至甲子正月杪旦見東方

十年乙丑春大旱車行河底夏大雨連旬圩田盡沒五月六日地震

十二年丁卯永成鄉李嘉稷妻陳氏百歲

十四年己巳秋七月五日龍起於永豐圩下壩首尾鱗甲俱見過處木拔禾偃二十一日至二十三日大風稻半脫是歲民多疫癘

十五年庚午夏四月狼出安興鄉傷陳姓小女馬姓小兒及李姓小女冬十月無菜

十六年辛未春大雪夏大旱米價石三兩餘羅彌月

三十四年己丑大水永豐圩決於月潭灣

四十年乙未大旱有虎到永豐圩中一字埂永鎮庭旁旋向圩西渡入丹陽湖去

五十年乙巳大旱山圩籽粒無收固城湖中可推車石米五千二百文明年春草食盡民皆餓倒時二麥方秀匍行入牟麥田者生入來麥田者死永豐鄉民劉世純壽百歲

五十二年丁未水

六十年乙卯安興鄉王言海妻孔氏壽百歲

嘉慶四年己未崇教鄉史喬冠妻趙氏壽百歲

十二年丁卯旱

十九年甲戌大旱歲大饑米價極昂民食青草

二十年乙亥夏六月花衖官塘蓮開並蒂又交頸鳥至

道光元年辛巳旱

三年癸未大水

四年甲申壁倩圩麥秀三歧忽生土蠶食穗後復生尖嘴鼠以食蠶麥乃倍登

十一年辛卯大水圩堤多被決

十三年癸巳水秋稔

十四年甲午春三月疫癘大作

十五年乙未夏六月十六日柏村龍墮而飛室傾木拔牛隻亦爲龍帶升至半空墮死復旱蝗邑主令民撲捕給價收買有虎至

港口傷一人又至駪頭老圩食鴨并食其牧鴨者秋七月初三日戌刻地震

十九年己亥秋九月初六日戌刻地震有聲宅中人多驚而出走唐昌鄉施曰堅壽一百一歲

二十年庚子水

二十一年辛丑夏大水歲大饑冬大雪五尺堅冰彌旬圩民流亡者多死於凍餒

二十二年壬寅春正月十四日巳刻地震有聲大疫道殣相望六月初一日蝕盡午晝昏暗星辰可數是月英夷乞撫於江甯

二十六年丙午旱

二十七年丁未安興鄉童天川壽九十有八其人務農生平忠厚和平鄉人童良杰等擬報縣請旌以未滿百歲恐不合例遂止

二十八年戊申大水合邑圩堤盡決船達於市八月十六日風暴
尤烈水居者溺斃甚衆東塘加土埂三尺十八日有水怪形如
牯牛頭角俱見躍於立信後保村前鳥墩岡鄉塘池內里人駭
之越宿藕溪閘北埂被水冲決閘內圩埠村莊沉沒無算
二十九年己酉大水五月初八九日大雨平地水深丈餘較去年
水大六七尺一望汪洋民舍傾圮存者寥寥民不堪命乘水勢
蜂擁開壩希圖洩水未幾官督造土埂止住
三十年庚戌花犇官塘麥秀雙岐立信前牌麥秀兩穗間三穗
咸豐元年辛亥相國圩梁上村麥秀雙歧
二年壬子龍起永豐圩官路壩大風拔木冬十二月初六日酉刻
地震後仍微動至十三日乃定二十日日方升時相國圩下壩
溝內水忽涸下三四尺有魚不及遂流見者追捕之將返岸水

即復漲歸原一凋一長五次韓敬二壽百歲

四年甲寅夏四月大雨雹自下壩至椏溪港横凋十餘里豆麥被

打寸斷髮匪竄高湻至東壩三日官兵擊退

六年丙辰旱秋七月杪飛蝗蔽日六月二十三日髮匪竄境竊踞

七十日官兵擊退遊山鄉胡啓聚壽百歲

七年丁巳蝻生縣主令民撲捕設局收買雖未盡滅亦不成災

八年戊午遊山鄉楊延森妻孔氏楊虞瑜妻邢氏均壽百歲

十年庚申薛城邢姓有豬一口重百餘觔四蹄忽變白毛不數日

遍身全白如羊三月髮匪陷踞高湻

同治元年壬戌冬大雪河凍彌月徧地生豬羊毛

二年癸亥十月大兵克復全境肅清

三年甲子長蘆蓮開並蒂

四年乙丑六月十八日有狼入光裕祠門首啣去胡姓一小女唐呂鄉春狼出傷人冬又出傷人十月農工將罷有飛蝗東來墜落水成鄉地方來春蝻生遍野不俟撲打齧抱草木而死

六年丁卯五月五日三龍橫於雲際大風拔木九月孫家莊屢火人以為怪數月乃止九月十六雨雹大如拳唐呂鄉田稼多被傷落

七年戊辰七月永豐鄉西南大雨雹禾稼受傷

八年己巳大水圩多被決楊廣瑜妻邢氏壽百歲

九年庚午趙倩圩生一小豕兩頭兩尾四耳八足

十年辛未五月十二日龍從東來過滄溪風雨翻屋河水飛騰

十一年壬申夏六月十九日戌時地震

光緒元年乙亥秋九月二十日有鹿自溧陽來陸入尚義村竹叢

中明晨往溧水去

三年丁丑五月初八日飛蝗遍境樹枝壓斷趙俦圩內有田禾被
蝗食盡者翌日即生嫩苗收穫勝常七月二十六日雨雹大如
盌永豐圩澄溝一帶秈稻被打無遺粒民間訛言妖人割辮紙
虎魔人冬大雪冰數旬不解

四年戊寅春蝻生不爲災夏六月永豐圩決

五年己卯秋七月蘆溪並老新圩李家河蟠蓮開並蒂冬至時薛
城地方花木爭妍宛如春色五月初六夜知縣唐葆元署被刼

六年庚辰春三月朔午刻倏爾雷聲遍野大雨交作有遊山盛前
村何姓之屋簷滴紅雨水呼童以器盛之其氣甚腥四月有狽
自檀溪渡至駝頭傷豕數口長蘆麥秀雙岐五月十七日龍過
滄溪船屋有被風吹折於隔水者九月桃華花山豎生何㵾家

於前今兩年連生玉燕初次毛滿飛去第二次乘其翅未齊捕

入籠哺養之攜來城燕背燕尾形視常燕畧大睛紅若硃羽白

如雪洵異禽也

十一年乙酉水

十二年丙戌水

十三年丁亥九月南塘民婦吳必好妻楊氏一孕三男

十五年已丑冬大水

十七年辛卯蝗蟲倚圩邢姓家猪産一象移時即斃

十八年壬辰九月大雪

十九年癸巳大疫自五月至八月始平有豹見於游山鄉漕塘西

南山傷人

二十年甲午崇教鄉民婦吳傳維妻邵氏永豐鄉民婦陳方教妻

邢氏均壽登百歲知縣李普潤各給貞壽之門匾額

二十一年乙未督憲張以每年大糧毫無帶欠給負曝効忠匾額

二十三年丁酉五月十八日水鬭各水皆然人家水缸中水亦然

二十四年戊戌旱蘇憲胡以積穀倉辦理切實給急公向義匾額

二十五年己亥長蘆文生楊子江家灘開並蒂

二十六年庚子旱有龍降於游山鄉之庄圖村拔去民房三所

二十七年辛丑大水

二十八年壬寅歲大熟是年五月至七月大疫

三十一年乙巳三月望日風雨大作雜雨紅小豆於地色赤似紅豆而狀半之堅不易破種之即生如豆葉聞燕湖一帶亦然雨及之地頗廣云

三十二年丙午水虎至安興鄉之老叔村傷二人眾爭捕之遂去

三十四年戊申夏東壩大疫

宣統元年己酉保聖圩麥秀雙歧

三年辛亥大水邑中僅永豐相國門陡三圩未決西街福德祠香櫞樹開花三次四月磚牆史村豬生白象旋斃七月禁城河水鬭十二月除夕雷電

民國元年壬子王村一帶麥秀雙歧有三歧者是年及次年並大熟

二年癸丑五月地震有殺伐聲自西方來

三年甲寅螟三月東壩上河南傍地陷四丈餘其深無底七月三十日太湖梟匪八十餘人挾持鎗砲潛入東壩鎮將加害警員梁在祥鎮紳胡翊廷婉慰始去遂偪淳城警佐宋道鈺與局炮船長李忠良率隊禦之遁焉八月山田生蟲狀如蠶傷稼十二月有龍見於花山之西

四年乙卯夏旱有龍橫於雲際頭爪皆現保聖圩一帶折木發屋船車帶飛

五年丙辰十月有烏雲似虹由西直東分火叉形占者云主旱山鄉一帶果旱至無食水

六年丁巳正月地震二十日日中有黑子二月地又震三月虎見於游山鄉漕塘之西南山殺之五月雨雹嗅之氣腥大者如碗東壩一帶尤甚屋瓦均破碎盤子墩橋石杠一條厚尺許打斷肇倩圩磚牆等處麥秀三歧監生孔慶顯家生玉燕一雙

七年戊午黃練墅麥秀雙歧崇教鄉民婦陳至源妻楊氏壽百二歲僑淳本城多年之河南客民蔡繼周壽百六歲唐昌鄉民陳從湖年九十七歲五世同堂永豐鄉民婦唐顯慶妻徐氏年九十歲五世同堂

論曰是編統名祥異頗獨詳於紀異而略於紀祥何也曰王者不修符瑞雖麟遊鳳至雲爛日華猶置而不書況異實多於祥乎又考漢儒於雨暘日星之變必引人事為驗果有當與曰此漢儒之附會也識者譏焉然則茲之屢書不一書何也曰變不虛生弭災消沴之道惟恐懼修省庶可挽回造化不得委為偶然而忽之故必兢兢乎書之也觀是編者可徒謂備典故資談說已哉

【乾隆】句容縣志

（清）曹襲先纂修

清光緒二十六年（1900）刻本

祥異

齊中興元年十二月乙酉甘露降茅山彌漫數里（省志作二年）

梁天監十二年甲午臘月望甘露降周子良解舍壇前松上（梁武帝記）

宋開禧間瑞麥三穗同幹者一兩穗者三

寶慶間瑞麥一本兩枝者二

紹定間五瑞劉宰撰五瑞圖序䟦曰特秀之枝兩歧之麥同本之竹並蔕之瓜連有一於此足為上瑞況五者來備乎然則邑大夫與其同僚所以召和迎祥者亦必有道矣（碑立儒學大成殿後）

明洪武時瑞麥一莖二穗（府志作太祖吳王元年）

嘉瓜宣宗章皇帝御製五倫書第六卷所載嘉瓜事實明洪

武五年六月癸卯句容縣民獻嘉瓜二同蒂而生中書省臣率百官以進時禮部尚書陶凱奏曰陛下臨御同蒂之瓜產於句容句容陛下祖鄉也實爲禎祥蓋由聖德和同國家協慶故雙瓜連蒂之瑞獨見於此以彰陛下保民愛物之仁非偶然者高皇帝曰草木之瑞如嘉禾並蓮合歡連理兩歧之麥同蒂之瓜皆是卿等以此歸德於朕朕否德不敢當之縱使朕有德天必不示一物之祥苟有過垂象以譴告使我克謹其身以保其民不致於禍殃且草木之祥生於其土亦惟其土之人應之於朕何與若盡天地間時和歲豐乃王者之禎也高皇帝有御製嘉瓜贊曰上蒼監觀地祇符同知我良民朝夕勤農天氣下降地氣上升黃泉沃壤相合成形同蒂雙產出自句容民不自食炙背來庭背雲顏彩有若翠瓔剖

而飲漿過楚食萍民心孝順朕有何能拙術敷句表民來誠願爾世世家和戶甯有志子孫封侯列公雖千萬世休忘勸農

成化時瑞麥有記春秋書無麥禾范曄書麥穗兩歧經紀異史紀祥也江大夫以名家子爲句容宰甫數月政化洽孚岸獄空閭叶氣蘖蒸震於異麥有三穗同幹者一兩穗者三厥芒幪密厥實栗好甸人白此大夫之仁大夫不敢以自功獻之督率牧伯督率牧伯曰茲大夫之獻復以歸之乃紬事秀穎丕照嘉應是年麥大有秋以經史所登載如彼是宜特書昔晉恭爲中牟令嘉禾生於便坐庭中州郡交舉致身三吏句容烏知不中牟哉詩云靡不有初大夫其勉旃將見屢書不一書而已也

元旦桂花儒學明倫堂前舊有桂樹四株明正統十一年當大比諸生王暐楊沔等有讀書於學之齋房者元旦暐卽詣齋中讀書過樹下見發桂花一枝心竊異之隨摘之入袖沔繼至又見一枝亦摘之不知暐之先摘也自喜負爲秋元預兆以示暐聲色稍浮動暐曰此誠吉兆必儔然第一枝已入吾手矣沔未信索之果然暐又言先摘時徧視諸樹無第二枝忽又得此此必有爲吾兩人步蟾之應者是年果同膺鄉薦後暐官至二品沔官三品士苟有志安在不感物而徵其遇合哉

萬曆戊午冬雪後宣聖殿塀雪融成冰冰結爲花花如牡丹枝榦畢具在學博沈署亦然諸生聚觀咸以爲異至次年已未二月上丁五鼓時庠生江振龍見明倫堂中懸一紅炬大

如斗其年孔文忠大魁一甲二名旋大拜而李世臣亦同榜
後任少司馬前瑞蓋其兆云

國朝順治乙未八月瑞蓮側卿張圯上圓池秀挺華萃雙葩一
莖蕊數交映邑大夫以下俱有賀章蓋和氣貞符特昭盛既
書以備采風者之實錄云 以上舊志

康熙己巳慶雲見知縣白艮瑄建慶雲堂三楹於署東以紀
瑞

癸巳麥秀兩岐

雍正癸卯八月神龜現於二茅峰鳳堪橋圓三尺二寸高□
寸人立其背疾走如飛樵者獲之鬻於後王莊周姓利其□
也爲竹籠貯之將貨焉一日風雨晝晦失龜所在蓋太和所
致宮沼中物非小民所得磨滅也

乙巳六月十八日辰時邑人士重建儒學大成殿正值上梁

五色祥雲光彩燦爛歷辰巳午三時不散

丁未六月甘露降於積金峰之陰十餘日寅卯辰三時萬松

沾被淋漓滿枝甘如飴凝如蜜土人號曰松糖食之已肺疾

識者知為

聖世之祥也

乾隆己未麥秀三岐知縣周應宿有記載藝文以上祥

吳赤烏十三年八月山崩洪水溢吳主權原逋責給貸種食府志

元至大二年蝗府志

至順四年大水五蒜山崩減稅府志

明成化六年大水免稅府志

嘉靖丙申四月蝗

戊戌六月洪水

萬歷己丑蟲食□□□木蕎枯大半

庚子蛟出岑山□□大水浸壞田廬

壬寅大水

己未蝗平地高尺餘

天啟丁卯六月二十六日立秋西北方有白氣一道自天而下墜於縣東南方狀如懸帛丑時見卯時散

崇禎己巳四月二十二日雨雹大如拳如石甚有大如斗□及民居者十二月二十三日酉時地震自北而南瓦墜屋□

辛未四月二十二日申時大雨雹有巫至數斤者著人則傷屋瓦盡壞二麥俱損酉時方止

丁丑日中有數黑子磨色如□□

庚辰蝗旱五穀不登斗米千文饑疫者相望於道

順治己丑八月初三日卯時雨起至初四日戌時止平地水深三尺淹沒民居橋梁房屋傾圮無算

庚寅十月朔日食巳時起未時止正午時日中見斗

庚寅十二月城中開牡丹有花無葉

壬辰地震是夏大水 以上舊志

康熙己未大旱

丙子七月二十一日蛟水驟發丈餘漂沒民居人巢樹杪死者無算南門關帝廟衝倒大鐘浮出廟外

丁亥大水

戊子大水

庚子辛丑每立秋後於黃昏時起輒聞西北方轟然作聲如

硠磨然至五鼓方止

雍正丙午蝗

乾隆戊午大旱

甲子二月初八日黄昏時分西北角有聲如雷大雹烈風卒然驟至拔木飛去數里城垣崩塌十餘處民居坍毀百餘所王都憲敬民父子恩榮坊孔文忠貞運同胞大魁坊同時傾側以上異

句容縣志卷之末終

（清）張紹棠修　（清）蕭穆等纂

【光緒】續纂句容縣志

清光緒三十年（1904）刻本

續纂句容縣志卷十九上　邑人張　瀛分纂

祥異　自乾隆二十年起以上見前志

句曲民常實茅諸山環拱如帶佩氣勢磅礴既畢璨山志所載不可殫述然猶方外之蹟也唐張巨川廬墓鶴翔芝挺宋張明府蒞邑五瑞繪圖有明迄今瑞麥嘉瓜屢見邑乘猗歟盛矣然洪範五行休咎並紀故宋乾嘉以來彗孛星流旱乾水溢以及昆蟲草木之變備載一門以資省惕作續祥異志

乾隆二十年有蝗饑　二十一年旱疫　二十二年水　二十三年饑　二十六年旱　二十九年小旱五月二十八日未時地震　三十二年大水　三十三年旱　三十四年饑冬十二月戊寅卯時地震　三十五年春正月二十九日地震夏疫　三十八年歲大祲　四十年秋旱　四十一年歲大

稔　四十五年大荒　四十九年旱　五十年大旱　五十一年春大疫旱　五十二年水　五十三年旱

嘉慶七年秋旱　八年大雨雪　十六年秋大水　十九年大旱秋無禾　二十年大疫　二十三年小旱　二十五年小旱

道光元年旱　三年水　四年水疫　五年小水　六年春螟無麥　八年春陰雨無麥　十一年大水八月地震彗星見　十三年水秋疫　十四年春雨無麥　十五年大旱　十六年蝗過境不爲災　十七年東北二鄉捕蝻　十八年水　十九年水　二十年大水　二十一年水地生毛　二十二年水六月日食既　二十四年水　二十五年水　二十八年大水　二十九年大水居民蕩析離居斗米千錢蛟出

賓華諸山圩誌識

咸豐二年彗星見西方地小震地生白毛　三年春正月地震彗星見　五年水無故自溢　六年大旱飛蝗蔽天斗米千錢雨豆如人面有大星西南流墜東北光芒數丈有聲　七年春有蝗四月蝝生如蟻得雨而絶　十年熒惑有芒鼠渡江而北　十一年彗星長竟天

同治元年大疫　二年蝗　三年鼠渡江而南　四年水　六年正月彗星見旱水涸　七年旱　八年大水　九年歲大稔民間訛言奸拐迷人十月北鄉野豕害稼　十年秋七月夜空中有聲如蟲飛彷日乃止　十一年五月五日雨雹

光緒元年蝗不爲災　二年有星晝見　三年旱捕蝗　四年十三年五月彗星見西北光長數丈

蝗不害稼掘蝗子　六年歲大稔秋疫　七年春大雪逃佃
十二年大雪　十三年六月地震　十四年旱地生豬毛
中街火焚斃十人　十五年正月望仙鄉靑山醴泉出飲愈
痼疾五月復堙癸圩鄉水　十六年夏麥秀三岐　十八年
旱捕蝗　二十年秋八月黃昏時有聲　二十一年四月初
二日南鄉朱家莊有虎黃質黑章鄉民擊斃　九月雨雪
二十二年九月小蟲兩翼夾稻而飛　二十三年五月十三
日湖河塘壩水漲二尺浪激有聲逾時復故　二十四年正
月朔日食北鄉磨盤山民人羅德延妻一產三男　二十五
年三月李生王瓜八月夜有聲稔　二十六年夏蝗不爲災
二十七年二月朔日江水清彌月　十五十六等日黃沙
蔽天　五月二十三日至六月初五等日大水圩田盡淹據

皖江老年人云此水在道光己酉年水次戊申年水上

續纂句容縣志卷十九上終

【洪武】常州府志

（明）張度修　（明）謝應芳纂

清嘉慶間抄本

祥異

咸淳毗陵志紀異類怪紀瑞若誇不書可也雖然春秋災異不削史傳休祥備載是得之遺牒所紀故老所傳者不書可乎哉

吳鳳二年陽羨離墨山巨石自立于寶以爲孫皓承廢得立之象天璽元年陽羨山有石裂十餘丈名曰石室皓遣封禪以修瑞應詳見山水

晉元帝初鎮建業王導令郭璞筮得咸之井曰東北郡縣有武名者當出鐸以著受命之符後晉陵武進縣人於田中得銅鐸五故

云五鐸啟隰於晉陵又王廙奏云向見導言晉陵有金鐸之瑞必致中興大興三年晉陵地鎮咸和元年正月月入南斗占曰有兵是月石勒兵至建元元年晉陵災太和六年晉陵大水寧康二年晉陵義興諸縣水義熙二年陽羨縣有木連理　宋元嘉十二年義興大水　齊高帝居武進縣東城里宅南有桑一本高三丈旁出四枝若華蓋幼戲其下從兄敬宗曰此木爲汝生　建元元年七月義興水　武帝即位初義興水　永明九年八月義興大水建武元年晉陵大稔　梁天監元年夏四月丙寅武帝即

位是月鳳凰集南蘭陵　大同十年三月武帝幸南蘭陵謁建陵有紫雲蔭陵上食頃乃散傍有枯泉至是復涌

唐乾封二年宜興邑宰所居有水連理　永徽四年宜興邑民顧氏家產芝草　大歷中獨孤及為郡甘露降其庭

五代南唐保大中睦昭符為守一日坐廳事雷暴至電光如金蛇繞案吏卒驚仆昭符不懾閑案下吒吒之聲雷電條散得鉄索重踰百斤昭符色亦不變命納諸庫昇元六年六月常州大雨漲溢　宋治平元年毗陵日晡天聲如雷震一星如月出東南再震移西南三震星隕焉其宜

興計亭許氏園藩籬俱爇火息視地一竅深三尺餘星猶灼爛久漸暗熱不可近後得拳石頭微銳其色如鐵鄭守伸取以遺潤州金山寺今猶存見沈括筆談紹興二十八年莫守伯虛為郡郡宅梅忽綮異花紫心碧暈時以為瑞

宜興長橋下曰有白獺若出穴四望而嗥則為兵革之兆遂神而祠之今不存或賦詩云淵潛不作捕魚忙攙報人間赤白囊世道清平渠屏蹟吳宮豎頰授神方

宜興風土舊志善卷山廣教禪院頃因雷震厥柱三處各倒書字入木幾五分一曰詩米漢二曰謝釣記三曰詩米

漢謝鈞之記行書字盖雷部鬼神所書莫詳其義今尚存焉

無錫志妖由人興妖不自作況禎祥乎方晋之時何妖孽之多也區區小邑猶迭見焉信五行志之有作也

無錫縣開元鄉錢氏墓有松二株一歲松頂結盖成毬其年孫安野預荐紹興間洪邁昆仲讀書外家沈氏墳廬是歲復有松二結毬如前既而昆仲取博學宏辭亦木之祥也出夷堅志

晋孝懷帝永嘉六年五月無錫縣有茱萸樹四株相樛而生狀若連理先是有䶂鼠出延陵羊祐令郭璞占曰此郡在明年當有妖樹生若瑞而非瑞辛螫之木也儻有此東西數百里必有作逆者及此本生其後徐馥果作亂亦草

之妖也以為木不曲直晋安帝義熙七年無錫人趙未年

八歲一旦暴長八尺髭鬚蔚然三日而死並出晋書五行志

【康熙】常州府志

（清）于琨修　陈玉瑾纂

清康熙三十四年（1695）刻本

祥異漢以前無考

吳嘉禾元年冬十一月朔太白晝見南斗歷八十餘日

赤烏十三年夏五月熒惑逆行入南斗

寶鼎間鼴鼠見延陵

五鳳元年離墨山大石忽自立爲室人謂孫皓承廢得立之象或曰孫休見立之祥也

天壐元年陽羨山有石裂十餘丈名曰石室孫皓嘗封禪以侈瑞應

晉後廢帝元徽中暨陽縣女人於黄山穴中得二卵如斗大剖視有人形

永康元年夏五月熒惑入南斗

太安二年春正月熒惑入南斗

永興元年秋九月太白入斗

光熙二年塡星守南斗 占曰其國有福時瑯琊王如有揚土

永嘉間元帝初鎭建業王導令郭璞筮得咸之井曰東北郡縣有武名者當出鐸以著受命之符後晉陵武進縣人於田中得銅鐸五枚云五鐸啓號於晉陵

大興元年秋七月太白犯南斗

三年晉陵地震 秋九月太白犯南斗

咸和六年春正月月入南斗

咸康二年秋九月庚寅太白犯南斗

太和六年夏六月晉陵大水

寧康二年晉陵大水詔前除一年租布其欠䘵除半年受賑貸者卽以賜之

義熙元年晉陵薛願家有虹飲其釜水須臾而竭願以酒而澁之隨投隨竭吐金滿釜而去

義熙二年陽羨縣有木連理

宋元嘉七年冬十二月晉陵義興大水十七年州大水百姓饉稱子應入者悉除半今年有不收者都原之凡諸逋租優量申減并禁彷稅煩刻

大明四年龍見於彭山　大水詔除七年逋租

齊永明四年蘭陵民齊伯生於六合山獲金鉼璽文曰

年予壬

建武二年晉陵大水雨傷稼詔蠲今年三課魚子英於芙蓉湖捕魚得赤鯉持歸以穀食一年化爲龍

梁天監元年夏四月鳳凰集南蘭陵是月丙寅武帝即位

普通間龍鬬於曲阿至建陵所經處水皆坼開數十丈

中大通五年夏四月熒惑入斗

大同五年冬十月彗星出斗

十年春三月武帝幸南蘭陵謁建陵有紫雲護陵上頃乃散旁有枯泉至是復湧　有龍夜墮民家井中大如驢將以戟刺之俄庭中有蛇如數百斛船衆驚遁遂失所在

十二年建陵隧口石麒麟起舞
中大同元年春建陵隧口石辟邪起舞有大蛇鬬隧
中一被傷奔走
大淸元年石辟邪振躍
陳天嘉二年夏五月歲星守斗
太建四年江水赤如血　禎明中江水赤自方州東
至海
太建十二年亢旱詔積年田稅祿秩各原半丁租半申至來歲秋
隋大業三年夏五月熒惑逆行入斗色赤如血大如三
斗器光芒八尺

唐貞觀十年巨人跡見

顯慶五年春二月熒惑入斗

元載元年夏四月地震

開元十年秋七月熒惑入斗

大歷八年冬十月十三日甘露降於郡庭前後二十七度樹根枝葉霑灑皆遍潔白凝沍味同飴蜜太守獨孤及表聞

九年秋九月太白入斗

十年春正月熒惑星合於斗

元和元年常州鵲巢於地

寶歷元年秋七月流星出北極沒於斗

開成四年春正月熒惑太白辰星聚於斗
後唐天成三年冬十二月太白歲星相犯於斗
天成四年春二月月及熒惑塡星合於斗
宋治平元年天鼓鳴有星如月出東南尋隕
政和五年江陰王簿俞光祖於官舍獲一烏雛全體
潔素而喙目脛掌俱紅蔣待制靜奉祠里居撰政和
聖德致瑞烏賦進之
隆興二年七月常州大水壞田廬舟行壓市累日人
溺死甚衆越月積陰苦雨水患益甚
紹熙五年常州江陰大旱饑食草木

慶元元年春常州饑民死徙者衆詔免本州及江陰軍夏賦且賑之粟　六年常州大旱水竭民饑仰哺者六十萬人

熙寧八年大旱太湖涸見丘墓街市

建炎四年冬十一月太白歲星合於斗

二十八年浙西大風水災常州爲甚二十九年三月詔常州等府實被災第四等以下人戶轉運司委官究見諸實並以紹興二十八年九月二十七日指揮施行　郡守莫伯康宅中梅忽生異花紫心碧暈

紹興元年枯桔生穗大疫劉光世以生穗爲祥奏之

乾通元年春常州水大饑人戶合納身丁錢絹並與全免一半春寒傷苗種損

飢莩殍徙者不可勝計州縣爲食之

淳熙二年大水

淳熙三年水澇

淳熙十六年秋七月木理成文縣民析薪有木成文曰紹熙五年如是者二時光宗新元猶未頒後紀號果止五年

紹興五年大旱民饑食草木

嘉泰二年大蝗自丹陽入武進若烟霧蔽天常之三縣捕八千餘石

嘉定七年大蝗

元至元六年冬十月太白入斗

至元十二年秋九月甲寅太白入斗

至元二十七年五月江陰州大水

大德四年秋九月常州路饑災重差發稅糧五年八月除風水

九年饑二月均免田租稅三分十一年五月免夏稅五分秋稅三分已納在官者准下年之數

至大元年旱蝗民食草根樹皮俱盡委照磨鄭信之同晉陵縣令喬驗饑賑濟至今遺跡猶鐫于新塘鄉黿山之石

至正十五年十月六日近地起白虹是日午江陰州城陷

至正十九年冬十月太白犯斗第三星占書第三星主丹陽郡今武進也

明洪武二十年旱河竭六月丁未戊申大雨水漲溢傷

稼
三十四年地震飛蝗翳空
建文四年地震蝗
永樂三年大水米騰貴震澤溢命夏原吉巡視江南
水利
宣德四年旱民饑詔免田租
九年孟夏旱秋大水詔免田租
六年六月訛言有物食人自淮以南越本境抵蘇松
人心惴惴未昏鍵戶明火擊器終夕震驚踰月漸息
八年秋八月熒惑犯斗

九年孟夏旱秋大水詔免田租

正統五年旱江陰免糧一萬一百四十九石

八年夏旱秋大水巡撫侍郎周忱以聞詔免田租萬五千餘石

十四年熒惑入斗至五年二月始出

景泰四年秋大旱人相食撫按勸令富民出粟賑貸視其多寡旌賞有差十二月大雪樹介冰厚尺餘

天順四年常州水免田租十六萬七千餘石

成化四年六月旱水涸運河幾絕流命廷臣按視免租之被災者

十五年旱蝗無錫五月乙丑地震生白毛細如髪長
尺餘九月丙子又震生白毛
十六年宜興湖㳄張渚山水暴漲漂㳄廬舍溺死者
千餘人巡撫尚書王恕令府縣出粟賑之
宏治元年五月靖江大風雨潮㳄渰死老㓜男婦一
千九百五十一口漂去民居一千五百四十三間闔
邑公宇頹圮盡下詔寬恤是年孤山登岸
三年江陰由里定綺諸山崩泉湧是秋九月大魚出
江濵長十餘丈身横鬐鬣不動衆刲其肉皆純膏取
以照夜未幾潮大至魚復流去

正德元年三月十二日北風大雷電驟雨氷雹平地二尺餘十二月晦龍見有虹貫日
六年春夏疫民有滅門者秋七月中靖江渡船蚤發望南洪有物如山長百丈許自西而東良久始知其爲魚鬣占者以爲兵象次年流寇至
七年宜興均山鄉麥兩岐
七年府治圃産瓜一蔕二實
八年夏四月日光散亂二十八日晡時有如日者百十隊列接續南來至日上一影而過北十數丈漸没
凡旬餘人多設水盆照之十二月嚴寒震澤氷厚堅

成人物形無錫溪河大冰數日不解人行冰上如履
平地七日後乃解
十年大水江陰免糧三千五十六石四斗有奇
十三年大水江陰免糧二萬二千二百四十二石有奇
十四年江陰大水江陰免糧四萬四千一百四十三石有奇正月地震有
聲如雷廬舍搖動
嘉靖三年二月辛亥地震
十月七日有黑白二龍鬬於太湖之濱湖水皆赤白
龍敗
四年大水蟲復傷稼

五年旱七年旱蝗勘災蠲免冬十月地震

十一年武進蝗食稻及樹葉蘆俱盡　十四年旱

十六年水十九年秋熒惑入斗二十年夏旱秋大水

二十二年秋熒惑入斗二十三年旱二十四年大旱

蝗至二十五年旱二十八年水二十九年旱三十二

年雨赤豆地生白毛三十三年滆湖絶流三十六年

水三十八年旱四十年四十四年大水

隆慶元年八月大風六晝夜洪水暴漲靖江縣幾沉

禾方華盡秕蠲免　冬十一月太白入斗

萬歷六年蟲災知府穆煒將積穀減糶賑饑

八年九年皆大水十一年水災蠲免十分之三
十五年水災民食草根樹皮俱絶蠲免銀米停徵漕
折秋七月震澤溢十六年旱災省改折漕糧免輕賫
十七年大旱十八年五月雹傷麥六月旱十九年久
祿二十一年武江宜三縣雹災
二十二年正月朔溪魚上升蟲災
二十三年二十四年皆水災二十六年一歲兩災兵
道彭國光知府邊有猷發穀賑饑次年又無麥
二十八年宜興湖㳇潼渚洪水壞田禾茶竹民屋商
二十九年水無麥

三十一年烈風雨雹傷麥發穀給賑

三十五年七月青蟲食禾八月布穀復鳴十二月二十五日立春地震

三十六年三月二十九至五月二十四日霖雨不止竟成陸海撫按發庫銀一萬二千兩糴米貯倉平糶以濟民艱

三十八年五月連雨没青苗盡改折漕糧正耗米

四十五年蝗去秋蝗種復于二月滋生知府劉廣生設法捕捉坑殺殆盡至五月復自他境飛集府縣分遣各官督民役撲捉捕蝗來獻者計戶給錢武進共坑殺蝗二十五萬五千二十六石是歲不災

靖江四月蝗生知縣趙應旗單騎下鄉率農捕蝗遺種共得九十石解郡餘皆燔之五月二十九日飛蝗從西北來蔽天集地厚尺許有兩龍自西南下震風大作一時捲蝗俱盡

四十六年春雨無麥九月東方有白虹長半天九月二十六日曉白氣見東南半月而滅尋有星孛于東方漸移而北光長數丈直亘天中

天啓三年十二月二十日地大震二十二日申酉時地中有聲如雷自北而南屋舍皆動

四年正月晦日暈甚紅有大星如日懸中間四旁十

一小日環之二月十一日大星如蛋自北移東没四
月霪雨淹旬傷二麥盡五月十九日澍雨五晝夜江
漲漂没五千餘家男婦積屍無數六月中有異星晝
見去日有尺光動揺
五年六年七年天鼓鳴六七月又鳴各邑皆同
崇禎十一年夏四月風災六月旱秋八月蝗雨粟形
如青黄麥
十三年夏旱李生瓜秋蝗大饑
十七年三月十八日夜月赤如血宜興豐義村雨血
六月朔日食宜興雨沈見古井街衢輿馬通行斗米

三錢五分

十七年大旱春三月五牧鎮人影見壁上距鎮半里許農家陳姓者共壁上日影中見行人來去不絕長不盈尺頭面鬚髮手足畢具或持兵器或車騎冠履或甲胄錚錚若有聲最後一人衣黄袍兒旒乘輦擎力士擁衛之鄉人觀者如堵有少年揮劍斬壁上其人盡皆怒而不畏如是一月而滅

崇禎附青墩一古樹挺數丈旁無附枝忽開異花其大如斗五色燦爛月餘而萎然未有落英及地

國朝順治二年秋七月四月並出南鄉村民共見月分而爲四餘復合而爲一

五年春正月六日常州譙樓火

八年水疫斗米四錢夏四月九日大水馬跡山及陳灣百瀆諸山發蛟共七十三穴水從高湧下拔木走石蛟穴四圍土石皆紅宜興冬溪河水越四旬始解靖江海嘯平地水深丈餘漂毀民房無數溺死男婦千餘口邑令延遐齡申告災傷糧得免

十二年春正月七日地震大水

康熙元年六月十七夜靖江有黑龍從東北來去地一二丈尾鬣鱗爪皆見經朱東港大風拔樹捲屋界河有大橋長五丈餘飛起半空落三里之外時冰雹大雨如注一日夜不絕

二年夏六月十日武進塘門地出血血逆射高丈許

腥氣觸人累積如脂數日不解

三年四月彗星見西南七月又見東南

五年夏茄生毛冬氷成花時大寒氷厚尺許積雪寸餘日出雪消氷紋盡成草木形又或圓如鏡中空無物

七年夏六月武進無錫宜興地震生白毛毛長尺許燎之氣腥

秋九月辛亥熒惑犯斗各邑日入吐白虹東指亘天凡十餘日乃滅

九年春正月天裂宜興縣五月大雨浹旬田禾渰沒知府駱鐘麟捐俸給賑仍勸募紳衿大戶助米散各鄉煑粥賑饑江陰縣六月大雨積旬平地水高數尺

漂没廬舍人民餓死不可勝紀巡撫慕疏請蠲卹

欽差御史科巡臨踏看蠲免有差

十七年秋七月江陰大旱十八年春撫院慕疏聞奉旨動司帑賑濟撥銀二千四百八十四兩八錢零到縣買米二千一百三十五石有零設廠賑濟

十八年旱疫大饑是歲饑饉瘟疫洊臻米價湧貴民間食草根樹皮即榛粃亦不可得戶多死亡餓殍載道至明年夏始稍息撫院慕具題奉旨本年地丁錢糧應蠲者加免一分三分者免四分二分者免三分一分者免二分宜興無錫官塘水盡竭歲大饑江陰江潮枯槁六月初三夜雨雹

十九年夏六月武進無錫大水大雨二十餘日城市可以行舟鄉村稍低

者悉蕩没無遺水浹月不退廬舍漂流殆盡撫院慕　題准受災處蠲免地丁錢

無錫縣虹橋氏家一産三男一女

二十六年秋七月烈風拔木屋太湖水涸是月十一日北風甚烈北太湖之水皆滙于南湖新村居民乘涸取魚見湖底有橋路拾得器物古錢甚多皆宋時錢也文曰崇寧

二十八年春正月芳茂山有虎傷人三月滆湖網得古佛一軀并古錢錢皆宋時物

二十九年夏大旱時五六月兩月無雨郡守于公琨設壇西廟率僚屬紳士于寅未二時竭誠步禱每日不輟六月十五日寸霖大沛西成猶得半焉火妖二三月間名鄉村有火爲妖自遠而來初甚少近則漸多以數百計村人恐懼鳴鉦以禦之則退至四月乃止冬大寒貧民

多凍斃千百年大木亦多枯死

三十年正月初一日至初七日樹木皆作氷花或云即木介也夏蝗不入境飛蝗自京口蔽天而來已至奔牛郡侯于公晛武令王公元烜疾往拜禱蝗忽向江岸旋繞竟不入境隨復大雷雨如注蝗死若邱積是歲仍有秋民咸異而德之

【光緒】武進陽湖縣志

（清）王其淦、吴康壽修　（清）湯成烈等纂

清光緒五年（1879）刻本

光緒武進陽湖縣志卷二十九

雜事

志乘之作各從其類輯爲成書其有不能爲類而仍爲蒐討所必及載籍名於是有雜記之篇考之經史大易終說於雜辭小戴名篇於記雜兩京軼事酉陽雜俎餘類皆然矣列志無之因而妄增門類殊知例且祥沴未足備五行拾遺篇帙難以該二氏而陵墓之牖列諸寺觀則爲濫附於輿地益非經惟以雜事綜其名而隸以祥異陵墓寺觀方外數端之無可附麗者更終之以摭遺一冊可知不有鈎沉起廢陽秋稱設小說簡牘往往先見網羅刪訂惟有嚴察之迹文物繁明不殺繩瀆之保不遐識小於是詳隱志雜事

祥異

晉

晉書孝武帝本紀寧康二年竟陵大水

宋書五行志太康七年十二月己亥竟陵雷電永嘉五年蝘鼠出延陵郭璞筮之曰此郡東之縣當有妖人欲稱制者亦尋自死矣其後吳興徐馥作亂殺太守袁琇馥亦時滅是其應也建武元年七月曲阿門牛生犢一體兩頭太興三年四月庚寅竟陵地震四年吳郡民訛言有大蟲在紲中及樱樹上嚙人即死竟陵民又言曰見一老女子居市被髮從耶人乞飲自言天帝令我從水門出而我誤由龍門若遇天帝必殺我如何於是百姓共相恐動云死

者已十數也西及京都諸家有楊樹皆伐去之無幾自生咸和六年五月癸亥曲阿有柳樹枯倒六載是日忽起生延元元年七月庚申晉陵炎風太和六年六月晉陵大水郡縣淹沒黎庶饑饉

又符瑞志建興三年十二月晉陵武進人陳龍在田中得銅鐸五枚太興三年有白鹿見晉陵

晉志升平二年晉陵等五郡大水義熙元年晉陵薛願家有虹飲其釜水須臾而竭願以酒灌之隨投隨竭吐金滿釜而去

宋

宋書五行志元嘉二十九年晉陵送牛角生右肋長八尺大明七年春太湖邊忽多鼠夏大水至悉變成鯉魚民人一日取輒得三

五十斛明年大饑元徽四年晉陵有澥溪水際地如營石沉木燃

死　又符瑞志元嘉十九年十月白烏來晉陵二十四年八月乙

巳嘉禾生縣城內白烏見晉陵二十五年四月戊辰木連理生晉

陵孝建三年四月甲辰晉陵延陵得古鍾六口大明元年黑龍見

於武進古石村改名津里六年二月乙丑木連理生晉陵泰始三

年十一月庚申甘露降晉陵昇明二年十一月甘露降南東海武

進

齊書祥瑞志泰始末武進舊塋有獸見羊頭龍翼馬足父老咸見

莫之識也

宋志元嘉七年十二月晉陵大水大明四年龍見於彭山大水

齊

齊書五行志建武二年冬晉陵大雨傷稼　又祥瑞志永明八年四月延陵縣前獲玉璽一枚十年延陵民齊伯生於六合山獲金鈕璽文曰年予主

齊志建武元年晉陵大稔

梁

梁書武帝本紀普通五年六月乙酉龍鬬於曲阿王陂因西行至建陵城所經之處樹木倒折開地數十丈中大同元年正月丁未曲阿縣建陵隧口石騏驎動有大蛇鬬隧中其一被傷奔走

隋書五行志大同十年夏有龍夜因雷雨墮延陵人家井中明旦

視之大如甕牌以戟刺之俄及庭中及室中皆有大蛇如數百斛船家人奔走十二年正月送梓郡二於建陵左雙角者至陵所右獨角者將引於車上振躍者三車兩轅俱折因換車未至陵二里又躍者三每一振則車側人莫不驚駭去地三四尺車輪陷入土三寸

隋志天監元年四月鳳凰集南蘭陵大同十年三月武帝幸南蘭陵謁建陵有紫雲蔭陵上頃乃散旁有枯泉至是復湧

陳

隋志太建四年江水赤如血十二年九旱來歲秋亢明中江水赤自方州東至海

唐

唐書憲宗本紀元和十一年常州大水太和七年十月常州水害稼　又五行志永徽元年六月常州大雨水溺死者數百人延載元年四月壬戌常州地震大足元年七月乙亥常州地震元和元年常州鵝集於平地

舊唐志貞觀十年巨人跡見大湖八年十月甘露降郡庭長慶四年常州水害稼

五代

南唐書昇元六年六月常州大雨淫溢

宋

宋史五行志太平興國二年常州民謝祚妻産三男七年四月常州水害稼端拱二年常州民徐泳妻産三男淳化二年晉陵縣民蔣劍妻産三男咸平元年晉陵縣民魏吉妻産三男二年九月常州地震壞鼓角樓羅務軍民廬舍甚衆大中祥符四年常州甘露降五年閏十月常州芝草生熙寧七年常州饑八年大旱政和五年八月常州水災紹興元年淮南京東西民流常州者多餓死二年常州大旱五年浙西自去冬不雨至於夏常州大旱八月常州水十九年常州旱二十八年九月浙西沿海州縣大風水常州為甚隆興二年常州饑七月大水浸城郭壞廬舍圩田軍壘操舟行市者累日人溺死甚衆越月積陰苦雨水患益甚乾道元年二月

常州秋成首種川澇大饑殍徙者不可勝計六月常州水壞井
田嘉熙二年秋常州旱艱食三年水潦五年旱七年常州大旱八
年常州旱十四年常州旱十六年七月晉陵縣民析薪中有文曰
紹熙元年春二紹熙五年冬常州饑人食草木慶元元年常州饑
民之死徙者眾六年五月常州大旱水涸冬大饑嘉泰元年常州
饑二年常州旱大蝗自丹陽入武進若煙霧蔽天其墮亘十餘里
常之三縣捕八千餘石嘉定二年夏常州大旱秋大歉十一年常
州旱十六年常州水漂民廬舍壞城郭堤防溺者甚眾
江南通志元祐二年常州大水
舊志治平元年毗陵日晡天有聲如雷墜一星如月出東南西墜

移西南三碕舉順熙闕七年太湖涸見堤岸街市紹興元年枯樹
生德大殺二十八年祥解梅忽發異花紫心翠趺時以爲瑞嘉定
七年大蝗十一年凍木皆枯

元

元史成宗本紀元貞元年五月常州路水二年六月常州蝗大德
元年十一月常州路旱五年常州蝗九年饑　又泰定帝本紀泰
定四年四月常州路饑五月常州大雨雹　又文宗本紀天曆二
年四月常州路饑　又寧宗本紀至順三年九月常州路大水
又順帝本紀元統二年三月庚子常州大旱疾疫　又五行志至
元二十四年十二月常州饑二十九年六月常州路水元貞二年

水大德四年九月常州路饑泰定元年地震至順元年七月常州

水沒民田

舊志至大元年旱蝗民食草根樹皮盡

明

明史神宗本紀萬曆元年夏大水　又五行志洪武四

年旱八年十二月水正統四年大風拔木殺稼八月水溺死男婦

甚衆八年夏旱秋饑宏治七年七月潮溢平地水五尺沿江者一

丈民多溺死八年四月乙亥雨雹深五寸殺麥及禾十八年九月

甲午地震正德四年饑五年十一月水七年旱十二月大雨殺麥

夏大水十三年大雨彌月漂屋廬人畜無算嘉靖二年八月大水

萬歷三年九月水二十一年秋七月大水四十四年七月有虫鼠千萬成羣夜嚙尾渡江絡繹不絕一月方止

補志洪武二十年旱河涸六月丁未戊申大雨水傷稼二十五年旱二十九年夏大旱水竭禾槁建文三年地震四年地震蝝永樂三年大水米貴宣德四年旱民饑六年六月訛言有物食人人心惴恐米價踴貴夜明火鳴鑼終夕叫號逾月漸息九年旱民饑秋大水十年七月風災正統五年旱景泰四年秋大旱十二月大雪水冰五年正月大雪平地深三尺五月大水傷稼秋旱樹木皆枯民大饑六年旱蝗七年旱天順四年水七年大水成化四年六月旱六年三月壬午霜殺人蟣屑竹枝八年七月壬子風災十年旱

風雨漂沒人物悉門漂溺入太湖漂沒衝山城民居百餘區屋柱側植民饑餓殍盈所藉於山嶺大木盡拔十五年五月乙丑地震有聲作自七尺亦九月又有十七年秋旱八月十五日蝗自北而來食禾稼木幾盡六月大雨如注渰沒民居人多溺死遂成大饑民饑十八年九月十二日地震十九年正月湖大凍冰如花二十年訛言有物夜入人家攫人民間持刃火執梃鳴金鼓爲衛浹旬始沍年水十四年十月十七日地震十六年夏秋旱十七年地震正德元年三月十二日雷雨雹冰地水二尺餘是歲旱十二月聯雜兒二年九月地震三年旱六月春夏旱七年府治後園瓜一蒂二實八月大風傷禾稼八年十二月太湖冰堅迎春獨自古竹渡逕

湖凝凍十餘日則湖冰成人物狀人行冰上七日始解十年大水十四年地震有聲如雷十五年九月大水嘉靖元年七月二日五[illegible]風災大水二年正月辛巳地震夏旱湖涸三年蝗饑傷稼十月有黑白龍闘於太湖之濱湖水皆赤四年大水蝗傷稼五年旱七年旱蝗十月地震八年六月蝗秋大水十一年蝗食禾苗草木殆盡十四年旱十五年大旱十六年大水二十年旱秋大水二十二年秋旱湖涸成塍二十三年四月雨雹秋大旱二十四年大旱蝗二十五年旱二十八年大水二十九年旱三十一年雨黑豆三十二年雨赤豆地生白毛三十三年大旱湖涸經旬人行如市六月雨雹大如拳三十六年大水兆有行妖過江三十八年大旱四十

年雨雹大如瓦大水深及丈七月地震四十一年大疫夏湖溢迎
祥符東村港發洪水高二三丈漂石拔木壞田廬沒四十四年
春大雪木介六月颶大水隆慶元年八月朔大風雨拔木六雉
夜洪水漂渰禾稼傷六年邑民鄭氏産白鷄喙足色紅冠圓六年
饑疫八年大水九年七月大水民饑十一年大水十二年迎祥鄉
麥兩岐十五年七月丁未颶風暴雨數月不息洪水泛漲漂民廬
舍十六年大旱陂堤崩陷山有虎爲患十七年大小嶺湖溢河
俱涸十八年夏五月霜傷麥六月旱十九年恒雨傷稼二十二年
饑疫二十三年大水二十四年大水二十七年春恒雨無麥二十
九年春恒雨無麥三十年麥無秋民饑三十一年三月烈風雨雹

亦饑民饉九月飛蝗三十五年七月蝗食禾八月有雞鳴十二月立春日地震三十六年淫雨自三月二十九日至五月二十四日時迎春鄉發雨較大雨平地水淹田禾盡沒四十二年四月八日訛言兵至千里之內同時恂洶奔竄山谷數日乃定時謂之除兵亂云四十四年正月四日大雪雪中見大人跡長尺有咫從東郊上城或下平地或登人屋椽跳而行縱步四尺許七月蝗四十五年蝗不為災天啟三年十二月地裂有聲城南湖水悉飛四年夏大水麥禾盡沒六年四月八日天鼓鳴大旱八月鄉城災七年八月飛蝗傷稼崇禎三年春旱六年六月城火延燒縣前舖舍廨瓦逃飛入衙死傷無算鐵槌飯鋪附入地五寸七年四月正戊雨

祖禎祿八年春水夏旱十一年四月風災六月至八月蝗雨禦十
二年五月旱蝗十三年夏旱禾生瓜秋蝗大饑十四年旱蝗疫雨
豆十五年河涸大疫三月水赤如血六月稻生蟣十六年十二月
地震十七年大旱

國朝

衛志順治五年春正月雨黴火八年夏四月大水馬蹄陳滸村潤
諸山發蛟七十三處拔木走石九年春正月口口雨雹大雨豆
大旱十二年春正月七日雨雹大水十四年夏六月龍降妖入剪
紙為符獸形以嚇食人十五年夏五月二十三日雨雹二十七日疾
風拔木大雨繼饑以食粥者粉尿聯四年秋七月三日西北風大

作颶雨翔注五月轉東北風發猛壞民居及船艇頗五年夏茄生

毛冬氷成花七年夏大旱時疫人有暍死者十一年夏蝗秋螟螣

傷稼十八年大疫大饑十九年夏六月大水二十一年大有年二

十二年春以恒雨殺麥冬大寒迎春鄉雌雞化為雄二十四年有

例尾狐行人呼其姓氏應之作捕得術抵法二十六年七月烈風

拔木發屋北湖水涸二十七年冬大饑二十八年澇茂山虎傷人

二十九年夏大旱有火妖冬大寒木枯死三十年春迎春鄉民捕

殺六虎以飛蝗蔽天來從縣江岸不入境大雨蝗死者郡皆秋八

月颶風殺稼冬雷三十一年春正月雷電三十三年大水三十四

年颶四月延收鋤雨雹大如卵三十五年秋八月大風木盡偃林

鷂死者無算三十八年大旱三十九年有黑鵲立於北城狀如人過厲夾餘四十六年大旱四十七年大水四十八年大旱四十九年大有年五十二年十二月十三日大雨雹十五日大雪五十三年大饑五十五年大旱五十六年大有年五十七年蝝傷稼六十一年大旱嘉慶元年正月十五日天門開闢如綢如帶彩練光明亮如日斜照又大旱秋大風三年大有年蘇米生四年大有年五年通江鄉產豬一首兩身四耳八足六年三月大疫七年有紅鶴二集於府學八年冬十二月有佛桑非州花十年二月二十七日燠是夜大風雪數尺十一年大旱十二年大饑乾隆三年大旱秋大風潮水湧一月而後六年七月水秋饑十年旱十四年大疫

十五年大水十六年旱十七年大旱五月癸酉鄉民家產豬一身二首八足二十年大旱八月阻衍被殺米石四千麥三千大饑民食縣土二十一年春夏大疫二十四年大饑八月蝗有饑蝻食禾根二十六年四月蔬湖瀰似有一日冬深湖冰二十八年春三月十三日霜是年不稻縣民孔妻一產三男並不育冬十月初十十一兩日大雨雹二十九年春正月己巳朔木介五月二十八日地震生白毛長數寸三十三年旱冬火災三十四年大水三十九年十月大雷雨四十年夏大旱四十三年夏旱四十六年六月十二日大風雨水溢四十七年五月大旱六月大霖雨是歲有年四十九年秋大有年冬無雪五十年春不雨夏大旱五十一年春

大饑疫米石五千錢四千夏麥大熟冬大有年五十二年大有年
五十五年十二月大雪五十六年芒種前縣境隕霜嘉慶元年夏
五月大雨二年夏六月大風雨拔木平地大水三年夏旱米石二
千四年木連理生火災四夏五月民間訛言兔至五年冬十一月
丙申大疫賑六年春正月雷九年冰十二年二月甲申霧夏大旱
饑米石三千十三年大水十六年秋蝗害且雹損禾稼十八年春
正月雨雹十九年春正月癸亥朔黑風拔樹夏大旱地生白毛秋
饑米石四千二十年五月飛蝗蔽天而過不爲災是秋有年二十
一年七月天夜明剎然有聲二十三年秋旱二十四年夏旱秋歉
二十五年訛言剪人髮道光元年四月癸卯夜有黑氣闊數尺長

竟天自東南移西南至西北沒秋旱九月桃李華三年五月大霖
雨水饑米石四千四年夏五月旱五年七月甲辰白龍見洪將湖
八月甲子天夜鳴有聲如鳥鼓翼乙丑夜復如之人謂之天鼓六
年九月甲申晡日北抱珥有金色十字貫日十月辛酉日中日北
亦如之七年秋七月[illegible]西鄉蝗十一年夏大水九月地震饑十三
年九月淫雨饑十四年春米石錢五千秋有年十五年夏大旱秋
七月戊子朔大淫雨大風拔木十六年有年七月甲申晡北鄉大
風霾晦有龍附地成淵冬大寒十七年六月甲寅[illegible]西鄉龍傷稼
風起西北發屋拔木大雨雹八月丁俞村民聚逐羊人而羊足隨
地死遂成有年十八年閏四月大雨傷麥十月戊寅日入有大星

南沭十九年又雨雹損麥九月戊戌地震恒雨傷稻二十年六月
大霖雨水
沂郯道光二十一年秋恒雨傷麥夏大水冬寒大雪二十二年秋
旱乙丑日長至雷電雨雹二十三年秋瘟疫鄉間大人家休起處小
人家休戚謝四月六日一鍋熟二十六年五月丁卯地震咸豐二
年八月地震三年秋日無光地數震有聲夏四月水沸秋地生毛
有長星見西北四年十一月地震六年夏彗見天大旱地生毛
秋蝗八月秋欽風鄉瑯琊垻地出血塊轉九年夏安西鄉沈家村
李生王瓜同治四年五月大霖雨光緒二年四月鶴青坡鄉三年
自三月不雨至於五月夏蝗不爲災五月丁丑大風發屋拔木六

月丙申日珥五色

【光緒】武陽志餘

（清）莊毓鋐、陸鼎翰纂修

清光緒十四年（1888）活字本

志餘卷五之二

祥異已見新舊志者不載

嘉慶五年三月野有燐火初見一炬散爲數百迹之杳居民

鳴鉦達旦半月始定

道光二十三年春二月長庚如匹練著天

二十九年雨連春夏五月大水　閏四月己卯夜天赤如血

饑大雨如注田禾盡淹大饑米石五千餘

三十年夏麥秀雙岐

咸豐十年春正月晦有雉入於郡火神廟越三日廟災武進

奔牛鎮丹陽之火神廟皆同時火　閏三月熒惑入南斗口

立夏大雪　地生毛色黑白

十一年五月辛亥有星孛於西北壬子又見長經半天一時許沒　八月丁巳朔卯正初刻五分日月合於張宿之次會於鶉尾木火水土四星居於張距日皆四度弱金星居軫距日三十度强是日

穆宗毅皇帝登極

同治元年六月丙寅夜衆星西南流庚午夜半雨雪七月丙申彗星見於西北

三年二月雪定東鄉大墩河冰結成天下太平字縱横五尺餘如扁式四月郡城復是歲大饑食草木根皮皆盡民死無

祘

四年春正月己亥天禧門災　庚戌大雷電雨雹辛亥雨雹大雷電甲寅復震雷震東門外塔頂鳥雀死無祘　多野豕狼傷人畜　閏五月己丑日中有影旁有一星歷五六日隱

秋八月杝桃華　陽湖新塘迎春二鄉野豕害稼

七年秋冬杝桃華

九年秋九月杝桃華　壬辰晦雷電

十年四月太白晝見　壬申雨雹

十一年六月十九日夜地震

十二年八月大雨雹傷禾

光緒元年漸塘迎春二鄉野豕復為災官吏率民捕之遊
附知府譚鈞培捕除馬蹟山野豕記略馬蹟山古夫椒也
在太湖中周百餘里有田千頃咸豐季年髮逆踞為巢民
人死徙同治初元官軍驅賊去野無居人草木暢茂禽獸
宅其中越數年流亡漸復田豕出害稼無青黃維其纍民
無所得食頗大府請緩征有年矣歲甲戌余來守常問民
疾苦陽湖令以告且曰是民嘗逐之東奔西突急則渡湖
竄新塘列穫耕避不内餕獸之藥不飫民無所致力語之
曰是固髮逆所遺畜以捕賊之法聚而殲之乃白大府請
鎗彈火藥招獵者給工食而捕之殪一豕賞有加日獲數

豕耳處曠日縻費乃克期偕令履山周視陟其巔彌望蔚

秀滿湖皆沃壤山九圖圍有長里有正巡檢司之則胥召

至詢之曰太守與衆約令民若老幼若女咸閉毋出壯者

厥明集於是召獵者予火器度山爲東西段獵者伏澗底

豕至擊之壯者人手一梃列山岡能火器者先處發皆斃

而譟聲震山谷豕驚突獵者迎擊之鮮不中既合噉而竟

夜鳴金於山毋使西者東越日復集則更爲滚捕法設舟

師合圍於山之西如前搜既盡渡湖又捕於新塘是役也

獲豕無算償獵者而仍畀之爲齋錢五百緡問民曰猶有

豕乎則皆曰無惟太守威德太守曰令之勤民之福也

十月乙亥夜雷電

二年夏麥秀雙歧　四月至八月有禽獸妖徹夜鉦聲不絕更迭巡邏　五月雨紅粟於陽湖江陰錯壤之灘歧　秋七月有光出龍城書院旂杆下燭霄漢漢　立冬後四日雷

十一月桂榮豌豆杝桃華

三年秋大風拔木　冬暴寒樹木凍死

五年春閏三月乙酉大雨雹於陽湖定東安尚兩鄉五都麻出食秕行之穀豆麥地

六年春三月壬申未刻有黑氣起西北方橫亙中天

七年春二月天寒雨成冰樹介　夏六月彗見東北方　秋

七月彗見西北方　閏七月己未晦地震　冬十二月辛酉

雷

八年夏六月甲戌陽湖無錫雨雹減堅椏寸許　秋八月壬

戌彗光旗見東北方形如帆光炎炎月餘滅　冬十月庚辰

夜衆星自艮方流至坤方隕如雨

九年秋七月至冬十月日入紅光燭天向曉亦有光稍淡

十一月彗見西北方十二月杪滅

十年春雨豆　冬桃李華

十一年夏霪雨無麥　冬十月丙戌夜流星如織　桃杏華

十二年麥有秋　冬桃李花　大有年

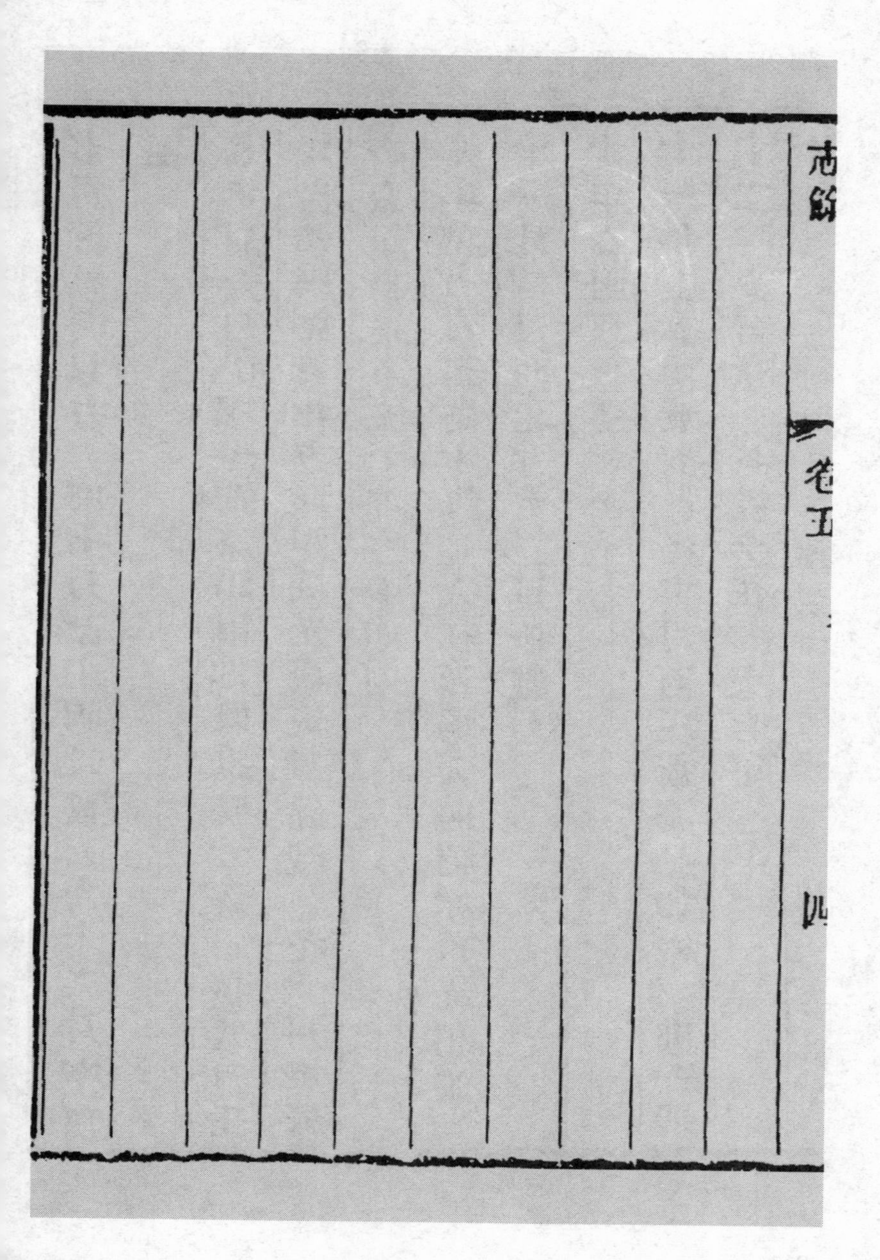
志餘
卷五
四

【康熙】重修宜興縣志

（清）李先榮、徐喈鳳纂修

清康熙二十五年（1686）刻本

災祥

吳五鳳元年離墨山大石忽自立爲室人謂孫皓承廢得立之象或曰孫休見立之祥也　天璽元年陽羡山有石裂十餘丈名曰石室孫皓嘗封禪以後瑞應

晉寧康二年晉陵義興諸縣水　義熙二年陽羡縣有木連理

宋元嘉七年十二月晉陵義興大水十年六月大水

齊建元元年七月義興水　武帝即位初義興水　永明九年義興大水

唐永徽四年義興民顧氏家忽產芝草　乾符二年義興

邑宰所居有木連理

宋熙寧八年大旱太湖涸見坵墓街市

元至元五年七月空興山水瀑溢平地勢高一丈壞民廬舍

明永樂三年山水瀑溢漂壞民居溺者甚衆　十二年水尤甚

正統九年七月山水瀑溢壞民廬舍千餘家大風拔木　十一年又水

景泰元年水　四年冬大雪明春又大雪平地深五尺餘河冰一月草木至清明後萌芽夏大潦秋大旱人相

食撫按勸令富民出粟賑貸況其多寡旌賞有差出穀陳王二千石奏表其門陳夔潘岐澄曦各出米六百石奏給冠帶陳倫任亮吳佐曹襲宗大德各出米二百五十石毛溥陳綱邵曙錢恭堵忠各出米四百石許信杭洧湯政周成沈夔莫程各出米三百五十石以上俱給有表獎

天順七年水甚

成化十六年湖㳇張渚山水暴漲漂沒廬舍溺死者千餘人巡撫尚書王恕令府縣出粟賑之　十七年山水湧出凡十餘所

弘治四年水　五年大水　七年大水　八年又水

十一年大水　十三年正月二十日城中火災起自長

橋西北飛熖延燒至橋南爕數百餘家巡撫下令優恤每被災者戶給米二石時火至果利坊居民李植有母喪在庭力救而免家貲獨無所損　十六年大旱

正德三年大旱上王橋徐艮捐穀賑饑邑令旌其門曰尚義之門　五年大水　七年均山鄉麥秀兩岐　八年日晡時有如日者百十陳列接續南來至日上一影而過北十數丈漸沒凡旬餘人多設水盆照之十二月溪河大冰數日不解人行冰上如履平地七日後有誤陷者　十三年山水洞出凡十餘所漂溺甚衆饑民多食草根　十四年復水民饑大疫

嘉靖二年旱運河絶流西溪亦無滴水溪底見有碓磑之類　七年七月十七日訛言動洗男婦東西奔竄明旦乃定視林墓水澤中死者甚衆　二十一年七月朔乙酉午時日食明星爛然如昏夜良久開霽　二十三年四年連歲大旱斗米一錢五分邑令方逢時量戶賑濟安城籌湯應隆出米五百石　二十八年大水　四十年水甚明春饑疫巡撫陳瑞設粥藥於路民多賴之

隆慶四年歲饑民大掠

萬曆八年大水　十二年麥秀兩岐　十三年復麥秀兩岐　十五年夏大水異常久而不退圩田無復苗者

七月二十一夜東風怒捲湖水高二丈餘東北方居民漂沒廬舍不計其數凡陸處舟行者溺千餘人高田亦秀而不實釀成十六年之饑　十六年旱大饑米價騰踊　十七年大旱河流俱涸輿馬竟由水道往來尤大饑疫邑令陳遴瑋悉心惠濟民賴以安閎詵助銀一百兩糴賑　十八年五月雹傷麥　十九年秋雨傷稼　二十年大有年　二十一年九月雹災　二十二年虫災民間訛言大兵至士女奔竄翼日乃定　二十三年水　二十四年大水　二十五年豐　二十六年春夏霪雨毒霧爲災二麥壞　二十七年春久雨無麥　二

十八年湖汶潼滀洪水驟發衝壞田禾竹地及民屋商船多溺死發縣倉穀八百四十五石賑之江院朱粥發穀三百石助賑　二十九年水無麥　三十年無麥穀登　三十一年烈風雨雹傷禾九月初九又雹傷稼　三十五年十二月廿五立春地震　三十六年三月廿九至五月廿四日霪雨不止竟成陸海撫按發庫銀二千兩糴米貯倉平糶以濟民艱固始縣余中書助賑米一百六十五石富民曹守義助賑米三百石伍楠助賑米三百石各給扁旌奬　三十八年水災　四十年三月廿五訛言兵至　四十四年蝗災　四十五年蝗種繁生知府劉廣生設法收捕殆盡五月復自他境

飛集時方亢旱晝夜緝捕共二萬六百六十七石八斗知府以獲多者捐俸賞之縣尉勤於督捕者給銀牌花緞勞之府公所至蝗輒先去人以爲精誠所感云　四十六年春雨無麥九月東方有白虹長半天　四十七年春水十二月雷震

天啓元年春大雪深丈餘　三年冬旱十二月二十日地大震河冰久不開　四年大水　五年夏大旱里民曹四知助賑米二百石給扁冠帶　七年水稻生蜮歉收

崇禎二年春夏水秋冬旱　四年大水　五年旱六月祈雨閉南門一月　十一年旱蝗　十三年大水二月

天雨小荳〃十三年夏旱蝗傷禾稼斗米二錢洮湖竭

十四年大旱疫溪河竭〃十五年小水大疫三月桃溪水如血數月方清稻生蝻斗米三錢三分・十六年十二月十四日五更地震　十七年大旱溪河皆涸兩沈見古井街衢輿馬通行至十一月雪水通流斗米三錢五分豐義村三月間雨血

國朝順治八年水疫斗米四錢　九年旱疫二月十四夜地震　十一年冬溪河冰越四旬始解　十二年五月水六月旱蝗蝻生九月冰雹傷稼　十六年春水秋小水　十八年六旱六月初三夜雨雪

康熙元年夏四月二十九日大風雷拔木發屋　三年夏六月大水　七年夏六月十七夜地震　九年夏五月大雨浹旬田禾淹沒知府駱鍾麟捐俸給賑仍勸募紳衿大戶助米散各鄉煮粥賑饑　十年夏六七月大旱　十一年秋七月大水山水衝沒山田廬舍人畜漂蕩者甚多　十七年旱　十八年大旱溪流斷絶可通車馬　十九年大水　二十年春雨麥歉收　二十二年春雨無麥　二十三年夏秋旱後復霪霖菽稻俱歉

【嘉慶】增修宜興縣舊志

（清）李先榮原本　（清）阮升基增修、寧楷等增纂

清嘉慶二年（1797）刻本

增修宜興縣舊志卷之末

雜志　祥異

吳孫亮五鳳二年五月吳志作七月陽羨縣離里山大石自立干寶以爲孫皓承廢得立之象或曰孫休見立之祥也節晉書五行志參吳志

孫皓天璽元年陽羨山有空石晉宋二書作石穴裂十餘丈名曰石室表爲大瑞乃遣兼司徒董朝兼太常周處至陽羨縣封禪國山節吳志參晉書五行志

晉惠帝太安中周玘家有雌雞逃承霤中六七日而下奮翼鳴將獨毛羽不變其後有陳敏之事敏雖控制江表終

無紀綱文章殆其象也卒爲玘所滅京易傳曰牝鷄雄鳴主不榮節晉書五行志

太安中周玘於陽羨起宅始成而過戶有聲如人嘆咤者玘亡後家誅滅此其徵也節宋書五行志

孝懷帝世周玘家有鵞在籠中而頭斷籠外亦爲周氏敗亡之徵又晉書周札傳周筵造屋五間六梁一時躍出墮地節宋書五行志

成帝咸康三年五月甘露降義興陽羨縣柞樹東西十四步南北十五步節宋書符瑞志

孝武帝寧康二年夏四月壬戌皇太后詔曰三吳義興晉

陵及會稽遭水之縣尤甚者全除一年租布其次聽除半年受賑貸者卽以賜之節晉書孝武帝紀

安帝義熙二年陽羨縣有木連理咸淳毗陵志

宋武帝永初元年七月青龍見義興陽羨

少帝景平元年五月癸未白麞見義興陽羨太守王準之獲以獻以上宋書符瑞志

文帝元嘉七年十二月義興大水遣使巡行賑恤節南史宋本紀

十年六月大水　十二年六月東諸郡大水帝紀丹陽淮南吳興義興大水京邑乘船民人饑饉吳義興及吳郡之錢塘升米三百以沈演之江遂兼散騎常侍巡行賑卹許以便宜從事演之

乃開倉廩以賑饑民民有生子者口賜米一斗刑獄有疑枉者悉制遣之百姓蒙賴已酉以徐豫南兗三州會稽宣郡二郡米數百萬斛賜五郡遭水民節宋書沈演之傳參文帝本紀

十三年三月戊辰義興陽羨令獲白烏太守劉禎以獻宋書符瑞志

孝武帝大明元年五月義興大水民饑乙卯遣使開倉賑卹節宋書孝武帝本紀

明帝泰豫元年十月壬戌陽羨縣獲毛龜同日白麞見國山太守王蘊并以獻節宋書符瑞志

齊高帝建元元年九月辛丑詔二吳義興三郡遭水減今

年田租二年六月癸未詔昔水旱赦丹陽二吳義興四郡遭水尤劇之縣元年以前三調未充已畢官長吏應共償備外詳所除宥節南齊書高帝本紀四年大水六月戊戌詔曰吳興義興遭水縣蠲除租調節南齊書武帝本紀

武帝永明五年夏水雨傷稼八月乙亥詔今夏雨水吳興義興二郡田農多傷詳蠲租調節南齊書五行志六年大水八月乙卯詔吳興義興水潦被水之鄉賜痼疾篤癃口二斛老疾二斛小口五斗節南齊書八年四月陽羨縣獲白烏一頭南齊書祥瑞志九年八月吳興義興大水乙卯蠲二郡租節南史齊本紀

鬱林王隆昌元年四月陽羨縣獲白烏一頭南齊書祥瑞志

梁武帝中大通中郡西亭有古樹積年枯死忽更生枝葉節南史褚裕之傳

陳宣帝大建十二年夏旱十一月詔丹陽吳興晉陵建興義興東海信義陳留江陵等十郡并積年田稅祿秩並各原半其丁租半申至來歲秋登節陳書宣帝本紀

唐高宗永徽四年義興民顧氏家產芝之草咸淳毗陵志

乾封王志作乾符二年義興邑宰所居有木連理參王志

宋太宗太平興國七年八月宜興縣民長孫裕家生芝之紫莖黃蕊節宋史五行志

英宗治平元年毘陵日晡有大聲如雷震一星如月出東南再震移西南三震星隕焉在宜興民許氏藩籬俱爇火息視地一竅深三尺餘星猶灼灼久漸晴熱不可近後得拳石頭微鋭其色如鐵郡守鄭伸取以遺潤州金山寺節沈括筆談

神宗熙寧八年大旱太湖涸見坵墓街市徐喈鳳舊志

孝宗淳熙間大水詔問知常州事張孝貢問常州宜興無錫二縣近遭大水今水勢何如合補種晚稻即日已插種多少不可車戽再種者頃畝若干疾速開具奏來參節咸淳毘陵志

理宗端平二年五月宜興近湖地有二龍交鬬墜於湖其長無際頃刻大風水高丈餘有火塊大如十間屋者十餘自天而墜二龍隨升（節癸辛雜志）

元成宗大德元年十一月常州路及宜興州旱並賑之（節元史成宗本紀）

文宗天歷二年旱

至順二年旱（以上參王志）

順帝至元五年宜興州山水湧出勢高一丈壞民居（節元史五行志）

明永樂三年山水暴溢壞民居溺者甚衆　十二年水

正統五年大旱　九年七月山水暴溢漂壞廬舍千餘家大風拔木巡撫侍郎周忱以聞詔免秋糧十分之四　十二年水（以上本王志）　濱太湖居民王氏子塚上木牌忽生枝葉（節徐志）

景泰元年水巡撫侍郎李敏奏免被災者秋糧一萬五千餘石　四年冬大雪平地深三尺　五年春大雪平地深五尺餘河冰一月草木至淸明後萌芽夏恒雨秋大旱人相食撫按勸富民出粟賑貸視其多寡旌賞有差（陳玉出二千石陳鏊潘岐龔曦各出六百石毛溥陳綱邵驄錢恭塔忠各出四百石許信杭禎湯政周成沈彝莫程各出三百五十石）

天順七年大水免秋糧有差以上本王志

成化七年七月十七日大雷電有物騰起西滆湖東至太湖馬蹟山拔木壞民居百餘所被災之家屋柱倒植而瓦甓不毁節徐志　十六年湖没張渚水暴漲漂没廬舍溺死者千餘人巡撫尚書王恕命府縣出粟賑之　十七年山水湧出凡十八所

宏治四年水　五年大水免秋糧十二萬二千石有奇

七年大水免夏麥萬四百九十石秋糧九萬九千八百石有奇　八年水免夏麥萬二千五百石　十一年大水免秋糧萬六千二百五十二石　十三年城中火自長橋西

北延熙橋南燬數百家果利坊居民李植有母喪在庭力救得免家貲亦無所損巡撫都御史令優恤被災者戶給米二石　十六年大旱免秋糧九萬七千五百石

正德三年大旱上王橋徐昆捐穀賑饑邑令旌其門　五年大水免秋糧十一萬一千二百石有奇　六年七月山水湧出凡二十餘所漂溺甚多免秋糧四萬五千四百五十石　七年均山鄉麥兩岐　八年正月日晡時有如日者百十接續自南來行至日旁卽過漸北十數丈而沒凡旬餘人多設水盆照之十二月溪河大冰男婦老幼扶攜負戴行冰上七日後有陷者　十三年山水湧出凡七十

餘所漂溺甚多饑民食草根免秋糧十分之四巡按御史葉忠上聞復加恤免　十四年水民饑大疫免秋糧七萬三千九十八石知府王教發粟賑貸

嘉靖二年旱運河絕流西溪見底有碓磑之類以上俱參王志　三年十月七日有黑白二龍鬬於太湖濱湖水皆赤白龍敗墜節陳王府志　七年七月十七日訛言動洗男婦東西互奔明旦乃定林墓水澤中死者甚衆節王志　二十一年七月朔午刻日食明星爛然如昏夜良久漸明　二十二年二十三年歲連祲民大饑寓溧陽史際發米至宜以賑參方逢時張公墻記　二十四年旱斗米一錢五分知縣方逢時量戶

賑濟宜城籌湯應隆出米五百石節王志　二十八年大水

知縣王鈴勘恤奏免秋糧有差節王志　三十三年大旱溺

湖絕流節陳王琏府志　三十九年五月海冠警甚城守戒嚴周

孝侯墓忽烟氣蘊天若豎黑旗三面數日後又添一面宛

然在望王志作去地數丈有飛蟲成團儼若旗幟搖曳樹杪旬日之間人所共覩知縣董鯤爲

文祭之役賊過境上竟不爲害節張里雜存　四十年大水

四十一年春饑疫巡按御史陳瑞設粥藥於路民多賴之

隆慶元年訛言取繡女民大擾一時婚嫁殆盡　四年饑

民大掠

萬歷八年大水　十二年麥兩岐　十三年麥復秀兩岐

十五年夏大水秋七月二十一日太湖水高二丈餘漂蕩居民廬舍無數溺死者千餘人是歲高田亦秀而不實

十六年旱民大饑疫米價騰貴　十七年大旱河流俱涸輿馬由水道往來民饑疫令陳遴瑋悉心惠濟時連年水旱富室幾罄閔詵助銀一百兩糴賑以上俱本王志　十八年五月雹傷麥徐志　十九年秋久雨傷稼蠲免十五年應解鳳陽淮安麥銀停緩十五年草折銀十六年粳糯米草折銀十七年麥草麻布銀參節任源祥志稿　二十年大有年徐志　二十一年九月雹災漕糧每石折銀五錢省免輕賚等銀二千二百六十八兩五錢七分九釐任源祥志稿　二十二年蟲

災民問訛言兵至士女奔竄翼日乃定節徐志　二十三年水改折漕糧正米連耗每石折銀七錢省免輕賫等銀七千六百二兩九錢　二十四年大水改折漕糧等米每石折銀五錢省免輕賫等銀五千二百十兩二錢一分　二十六年自春至夏霪雨毒霧為災二麥壞改折漕米三分長安倉糙米三分每石折銀五錢省免輕賫貼役等銀二千二百六十八兩五錢七分九釐　二十七年春久雨無麥改折漕糧等米每石折銀五錢省免輕賫等銀五千一百十二兩五錢七分一釐以上參任源祥志稿　二十八年湖没潼渚洪水驟發衝壞田禾竹地及民屋商船多溺死者發縣

倉穀八百四十五石賑之江院朱弼發穀三百石助賑徐志

二十九年水巡按何熊祥題請被災九分以上太倉州吳江崑山武進江陰宜興金壇七縣本年漕糧俱准改折七分仍徵本色三分節續文獻通考

三十年無麥穀登

三十一年烈風雨雹傷禾九月初九日又雨雹傷稼、

三十五年十二月二十五日立春地震以上本徐志

三十六年三月至五月霪雨不止平地成陸海巡撫周孔教大學士朱赓題奉旨發賑銀二千八百兩邑始縣余中書賑米一百六十五石曹守義助賑三百石任楨助米三百石節任源祥志稿參徐志

三十八年水

四十年三月二十五日訛言兵至

四十四年蝗

四十五年蝗種繁

生知府劉廣生設法搜捕五月復自他境飛集捕獲萬六百六十七石八斗　四十六年春雨無麥九月東方有白虹長中天　四十七年春水冬十二月雷震

天啓元年春大雪深丈餘　三年冬旱十二月二十日地大震河水久不開　四年大水　五年夏大旱　七年水稻生蟻

崇禎二年春夏水自秋至冬旱　四年大水　五年旱六月祈雨閉南門一月（以上參徐志）　十一年旱蝗是歲堵允錫廬墓四月墓上枯桐枝間蛛網成孝字桐栽華（參堵忠肅公年譜）

十二年二月雨小豆　十三年夏旱洮湖竭蝗傷禾斗

米二錢　十四年大旱溪河竭疫　十五年大疫三月桃溪水如血數月方清稻生蟻斗米三錢三分　十六年十二月十四日地震　十七年大旱溪河皆涸兩沇見古井街衢輿馬通行斗米三錢五分三月間豐義村雨血以上本徐志

國朝順治七年元旦有魚千萬爲羣駢集張渚大者丈餘次數尺寅來辰退了不避人如是者三日俗謂之魚朝　八年水疫斗米四錢夏四月九日大水馬跡山及陳瀆百瀆諸山發蛟七十三穴拔木走石蛟穴四圍土石皆紅　九年旱疫二月十四夜地震　十一年冬溪河氷越四旬始解　十二年夏五月水六月不雨蝗蝻生九月雨雹

傷稼　十六年春水　十八年大旱夏六月初三夜雨雪

康熙元年夏四月二十九日大風雷拔木發屋　三年夏

六月大水以上參節徐志　七年夏六月十七夜地震生白毛長

尺許參節陳玉璂府志　九年夏五月大雨浹旬田禾淹沒知府

駱鍾麟捐俸給賑勸各鄉富戶助米設粥　十年夏六月

至秋七月不雨　十一年秋七月山水衝沒田廬人畜被

漂蕩者甚多　十七年旱以上俱參徐志　十八年大旱溪流斷

絕可通車馬是歲江南造戰艦張公洞舊有大銀杏數株

蘇松道方國棟奉巡撫檄來伐樹皆血出參池北偶談　十九

年大水太湖中水忽分爲兩有路可達長興役有人見一

田螺大如籮以帶繫之將負去兩遶水合亟放之趨歸又有人見爛木十餘段上有鐵籠舉之不動疑銀鞘也節史惟彥荆水遺聞

二十二年春雨無麥

二十三年旱秋霖以上參徐志

四十六年大旱河流涸湖水夜上沿湖賴以灌溉

四十七年大水圩田無收

雍正三年旱

【光緒】宜興荆溪縣新志

（清）施惠、錢志澄修　（清）吴景牆等纂

清光緒八年（1882）刻本

襍著

徵祥

古者吉凶之先兆皆曰祥書曰鑒于休祥則祥爲吉矣傳曰將有大祥則祥爲凶矣祥者詳也天欲降以禍福先詳審告悟之也賜羨之紀祥舊矣石室壁開崁傳封禪至於劉宋蕭齊銀甕玉烏之書往往而是善乎周內史之言曰吉凶由人陰陽之事非吉凶所生是故雊雉聞而殷衰復興生麋見而宋霸終失天道之遠不如人道之邇言禎祥則近諛言眚祥則近怪也然獲麟退鷁孔氏不刪而符瑞之記妖孽之占後代諸史均未之廢

休徵咎徵蓋亦修德弭災所由戒慎乎而況大難方離中興更瞻者乎若夫歲之豐嗛民之大命係焉四十年來歧麥嘉禾以及雨雹風霜蟲災獸害饑饉之不齊者夥矣概置勿書又烏乎可

道光二十年夏六月大霖雨　水圩鄉多沒　冬十有二月晦震電

二十有一年夏六月水　冬十有一月大雪

二十有二年夏六月戊寅朔日有食之既

二十有六年春邑中吳氏園有木連理　秋夜大風有赤光自北而南聲隆隆如雷霆流星散隕如雨地大震

二十有九年夏大霖雨五月己酉水大漲溢圩岸數百里田禾

淼沒踰兩月始平　秋七月甲子蛟發湖汊山市人有溺死者世水汎濫於市厚卑若水不及餘裁三尺所一晝夜乃退圩鄉大饑民掘堇塊以食土黑而黏俗偁爲觀音粉

三十年夏麥大熟穗多兩岐　張渚茗嶺西條嶺山裂其長與所深十餘丈廣丈餘或二三丈遠近聞聲如雷鏟所裂之處樹根大如斗者皆徹然若鋸斷張渚巡檢繪圖報縣　秋八月蛟發湖汊山水流漂石有大石自山衝出重千餘斤　大有年

咸豐元年夏宜興學宮舍產芝大如盤

二年冬十有一月壬子夜地震

三年春正月日無光　巳巳夜燐火四起連夕未止其火或分或合忽遠忽近鳴金逐之即滅識者憂之曰此生魂也將有大兵明季時河南如此不旬日金陵陷　三月辛亥夜地大

震有聲屋宇搖動若將圮廢者皆驚起後連震者數日夏四月水沸　長星自西北竟天

五年夏旱　冬十有一月甲子水驟湧起立頃之如故凡湖蕩溝渠池沼盆盎之水皆然

六年春正月甲子夜城東北隅雨菽小而色黃上有黑痕一道其味辛澀夏五月大旱地生毛毛白黑如羊豕長或踰尺若人髮西谿涸　彗星見　秋蝗　大饑斗米錢六百

七年春蝝生兩邑皆捕蝗夏麥大熟穗多兩歧五月霖雨蝗盡死　秋大有年　東鄉民家壁中有血涌出

八年夏從善鄉六科里有震雷出於地是日大雨雷出於農民吳廷滸田中四周若皆

□嫗枯地陷小坑深廣徑尺許　秋八月有星孛於北斗

九年天雨血空濛若霧不可見以手承之有頃流丹盡浹嗅之微腥

十年春三月庚午雨雪自晝至夜乃止

十有一年春正月庚寅朔大雪深四五尺冰合太湖中月餘方解冰厚盈尺居人皆鑿冰汲水

同治元年秋閏八月文廟大成殿自焚賊踞城後學宮四周皆毁惟大成殿巍然獨存先是賊擬改造偽宮興工有期二十日夜中大雷雨巡城賊於電光中見殿脊有神人踞坐雨止而殿中火起明晨往視灰燼皆白如粉云

三年秋多田豕　冬大雪田豕自斃

四年春有虎傷人甚衆或有出山數十里踰河搏人者逾年未已兩邑合購捕弗獲禱於周平西將軍廟患遂絕

夏五月水（圩鄉多沒）

七年夏六月大雨雷震邑中姚氏祖廟墉牆電光著於門如環者二（至今十餘年環痕中纖塵不染）秋八月癸亥大雨雹於清津鄉之臧林諸村（雹如雞卵禾稼多傷）多田家

八年春豺食田家幾盡

十有一年春三月大風發屋龍挾行舟騰空數十里墜於蒲干觴之濱人得無損　夏六月丁巳地震由東南至西北

光緒二年夏五月龍降於清津鄉江角壟田閒水驟發騰湧入雲

三年夏五月丁未蛟發湖洑山中是日大風拔木　六月丙申

日蝕五色　秋七月螟吳協心螟辨曰光緒丁丑之歲常郡諸屬邑稻田間亟曆蟲曰螟蟘排擁紫叢綴禾端既長翠成厥苗用枯穀黴而焉鄉民告於邑官履畝而惻然然以古無此災難於上達余謂宜與舊志載天啓崇禎間俗生螟者屢矣俗所謂螟即古所謂螟也甚矣說經之貽誤也詩咏大田禮著月令爾雅釋蟲食苗心螟列於害稼之首自許氏說螟以爲青蟲陸璣之徒遂謂形似虾蛄其頭不亦承訛襲謬愈辨愈歧竊謂螟字從冥其形冥微列子傳江浦之間蟲集蟁睫名曰焦螟微之至矣害稼之螟亦其性將必謂吏冥冥犯法而生者亦傅會之詞蓋螟之急讀爲蟣轉音爲蟓今吳俗偁蟣蟓爲蠶是已螟則易爲謂之蟘蟘者施也延施而生也蛣蟹强蛘見於雅訓義中小蟲厥生蔓衍故同以蟘名焉蓋害稼之蟲惟螟與螺雲集霧擁蠢賊之屬無此黠猾螺亦爲螣爲蝗以其人也螺大而眾禳皆俱來蟻小而眾淵綜不絕孔子作春秋志蟲災書螟於首次亦及螺螺食葉以及穗在於苗之既實螟則食心在於苗之方秀吸其精氣苗遂成蕊稻稈既萎不中孀發故螟害甚於螺攻許氏致誤之由特以螟蛉桑蟲形小而青蟲災之螟正當類之不知螟取其微熱蛉之飼以凡蟲名蛉者此爲最小非爲其與害稼之螟等也今試問禾間青蟲食苗之節者有矣食苗之心者有乎此老農所能言而經傳之語千禩

莫正螟之為物不可明螟之為災遂不可恕彼解詁者直謂螟螟之倫無足重輕豈知農氓之無所控告遂至於斯哉故為之辨以俟達民隱者察焉

五年清津鄉丁莊民家產子人身牛首墮地死漢五行志有牛禍此殆近之或曰其人平日屠牛之報也冬十有一月甲申夜雷

七年夏五月有龍起君山蜿蜒雲際迤西北至五牧村捲水沸波大風猝發一農民吹入空中數十丈所方墜下　秋七月螟

閏七月甲午夜隕霜乙未亦如之

【嘉慶】重修揚州府志

（清）阿克當阿修　（清）姚文田、江藩等纂

清嘉慶十五年（1810）刻本

重修揚州府志卷之七十

事略志六 附祥異 案志乘之紀五行所以儆司牧省察庶徵愼人事也傳志以附星野既屬不類采輯史文又多牽合或非其地今釐正之載事略之後

漢

文帝五年吳暴風雨壞城官府民室 漢書五行志下之上 案史記帝紀景帝五年江都大暴風從西方來壞城十二丈漢書不載疑與此一事而志誤景帝爲文帝遂以爲吳反之應

十二年有馬生角於吳角在耳前上鄉右角長三寸左角長二寸皆大二寸 同上

桓帝元嘉二年七月日有食之在翼四度史官不見廣陵以聞 後漢書天文志

晉

武帝咸寧元年五月廣陵大風壞千餘家折樹木其月甲申大風折木晉書五行志下

孝武帝太元十三年四月廣陵高年閻嵩家雌雞生無右翅晉書五行志上

安帝義熙五年九月廣陵雨雹晉書五行志下

宋

文帝元嘉十年十二月營城縣民成公會之於廣陵高郵界獲白麞麑以獻宋書符瑞志中

十八年六月甘露降廣陵孟玉秀家樹南兗州刺史臨

川王義慶以聞同上

十九年五月海陵王文秀獲白烏南兗州刺史臨川王義慶以獻宋書符瑞志下

二十一年白燕見廣陵南兗州刺史廣陵王誕以獻同上

二十五年五月廣陵太守范邈上言所領輿縣前有大浦控引湖流水常淤濁自比以來源流清潔纖鱗呈形古老相傳以爲休瑞同上 八月白燕見廣陵城南兗州刺史徐湛之以聞同上 廣陵有龍自湖中升天百姓皆見宋書符瑞志中

二十八年七月嘉禾生廣陵邵伯埭南兗州刺史江夏

王義恭以聞宋書符瑞志下

孝武孝建三年六月白麞見廣陵南兗州以獻宋書符瑞志中

大明二年三月白雉雌雄各一見海陵南兗州刺史竟陵王誕以獻宋書符瑞志下

三年五月十九日夜有流星大如斗杆尾長十餘丈從西北來墜城內是謂天狗占曰天狗所在下有伏尸流血七月廣陵城陷殺男女三千餘人是日雲霧晦暝白虹臨北門亘屬城內宋書竟陵王誕傳

四年南兗州大水宋書五行志四　五月白雀見廣陵侍中顏師伯以獻宋書符瑞志下

齊

武帝永明十一年，廣陵海陵縣獲白麞。南齊書祥瑞志　永明中有廢人，廣陵城投井而死，又有象至廣陵，是後刺史安陸王子敬於鎮被害。南齊書五行志

梁

武帝普通五年六月，龍鬭於曲阿王陂，因西行至建陵城，所經之處，樹木皆拆，開數十丈。隋書五行志下

大同三年九月，南兗州大饑。梁書武帝紀　廣業郡有嘉禾生，改爲神農郡。隋書地理志下　案梁書帝紀載生嘉禾者三，無高郵生禾之事，疑因事命名，不必定在高郵，以舊志所有，姑存之。

陳

宣帝太建十一年正月，龍見南兗州永寧樓側池中。陳書宣帝紀

隋

煬帝大業十三年，江都宮城諸殿屋鴟尾上鐵索爲烏鳥銜拔，自淮及江東西數百里水絕無魚。雍正志　五月辛亥夜，有流星如甕墜於江都，占曰：其下有大兵戰，流血破軍殺將。隋書天文志　案煬帝紀作辛卯日，以下甲子丙寅推之，知紀誤也。　十一月，有石自江浮入於揚子。隋書五行志下　廄馬無故而死，旬日死至數百匹。同上

唐

高祖武德七年河間王孝恭征輔公祏宴羣帥於舟中以金盌酌江水將飲之化爲血新唐書五行志

太宗貞觀八年七月江淮大水同上

高宗總章元年江淮大旱同上

武后垂拱元年九月淮南地生毛或白或蒼長者尺餘遍居人牀下揚州尤甚大如馬鬛焚之臭如燎毛占曰兵起民不安同上

大足元年七月揚州地震同上

元宗開元三年有熊晝入揚州城同上

七年閏七月揚州奏一角獸見雍正志

九年七月揚州暴風雨發屋拔木新唐書五行志

十九年揚州穭稻生新唐書元宗紀

天寶十載廣陵大風駕海潮沈江船數千艘新唐書五行志

肅宗上元二年有燧珉於揚州城門上燧介物兵象也

同上

三年楚州刺史崔侁獻寶玉十三枚一曰玄黃天符如笏長八寸闊三寸上圓下方近圓有孔黃玉也二曰玉雞毛文悉備白玉也三曰穀璧白玉也徑可五六寸其文粟粒無雕鐫之迹四曰西王母白環二枚白玉也徑

六七寸五曰碧色寶圓而有光六曰如意寶珠圓如雞卵光如月七曰紅靺鞨大如巨栗赤如櫻桃八曰琅玕珠二枚長一寸九分九曰玉玦形如玉環四分缺一十曰玉印大如半手斜長理如鹿形陷入印中以印物則鹿形著焉十一曰皇后采桑鉤長五六寸細如筯屈其末似真金又似銀十二曰雷公石斧長四寸濶二寸無孔細緻如青玉十三原缺凡十三寶置之日中皆白氣連天僥表云楚州寺尼真如者恍惚上昇見天帝授以十三寶曰中國有災宜以第二寶鎮之詔曰上天降寶獻自楚州因以體元叶乎五紀其元年宜改爲寶應舊唐書肅

宗紀

代宗大厤中高郵人張存獲藕中劍雍正志　州志存於陂中見旱藕梢大如臂異而掘之深二尺大至合抱不可窮乃中斷之得一劍長三尺色青無刃且藕無絲

德宗貞元二年六月江溢新唐書五行志

三年十月揚州大水漂民廬舍舊唐書德宗紀　案此事新唐書在五月

四年四月淮南地生毛新唐書五行志

六年揚州大旱井泉竭同上

七年揚楚州旱同上

八年江淮大水漂沒城郭廬舍同上

憲宗元和七年揚州旱同上

文宗太和四年十一月海陵火同上

七年揚楚大水害稼同上

八年三月揚州火燔民舍千區十月復火燔民舍數千區同上

開成元年六月揚州民明齊家馬生角長一寸三分同上

二年夏旱運河竭同上

五年夏螟蝗害稼同上　十二月晦揚州市火燔民舍數千家同上

宣宗大中六年夏淮南饑海陵高郵民於官河中漉得異米號聖米同上

九年秋淮南饑同上

懿宗咸通二年秋淮南不雨至於明年同上

七年江淮大盜同上

僖宗乾符六年二月楚州管内四縣生聖米大如芡實維正志

光啟元年揚州府署門屋自壞故隋之行臺門也新唐書五行志

是年淮南蝗自西來行而不飛浮水緣城入揚州府署竹樹幢節一夕如剪幡幟畫像皆齧去其首撲不能止旬日自相食盡同上

二年四月有白氣頭黑如髮自東南入於揚州滅白者

戰祥也同上　九月有大星隕於揚州府署延和閣前聲

如雷光炎燭地新唐書天文志　是年揚州雨魚新唐書五行志

三年揚州大饑米斗萬錢同上

昭宗大順二年春大饑大疫死者十三四同上

南唐

烈祖昇元六年正月東都火焚數千家陸游南唐書烈祖紀

後周

世宗顯德六年宋太祖從征淮南戰於江亭有龍自水

中奮躍宋史五行志一下

宋

太祖乾德二年五月揚州暴風壞軍營舍百區六月暴風壞軍營及城上敵棚（宋史五行志五）七月泰州潮水漲壞居民廬舍數百區溺牛畜甚衆（宋史五行志一上）

三年七月泰州潮水害民田（同上）

四年四月揚子等縣潮水害民田（同上）

開寶元年七月泰州潮水害稼（同上）

太宗太平興國四年泰州雨水害稼（同上）

五年水潦民饑（宋史五行志五）

九年揚子縣民妻生男毛被體半寸餘面長頂高烏肩眉毛纚鬢近髮際有毛兩道軟長眉紫脣紅耳厚鼻大

類西域僧至三歲盡剛以獻宋史五行志一下案是年已改雍熙當作雍熙元年

雍熙二年冬江水冰同上

淳化三年十二月建安軍城西火燔民舍官廨等殆盡宋史五行志二上

五年饑宋史五行志五

真宗咸平二年海陵縣麥秀二三穗宋史五行志二下

六年二月淮南水災宋史真宗紀二

景德二年九月淮南旱同上

大中祥符元年高郵軍民王言妻產四男宋史五行志一下

三年淮南旱宋史真宗紀二

四年十一月楚泰州潮水害田人多溺者宋史五行志一上

五年淮南饑李燾長編七十九

六年二月泰州言海陵草中生聖米可濟饑宋史真宗紀三

七年淮南饑同上

仁宗天聖五年三月泰州地震宋史五行志五

六年七月揚真州江水溢壞官私廬舍宋史五行志一上

寶元二年六月旱蝗宋史五行志一下

皇祐三年十二月泰州獲白兔宋史五行志四

嘉祐六年七月淫雨爲災宋史五行志三上

嘉祐中高郵縣

社湖神珠見沈括筆談

英宗治平元年高郵軍大水宋史英宗紀一

神宗熙寧四年六月泰州獲白兔宋史五行志四

六年淮南饑宋史五行志五

七年淮南久旱宋史五行志四

八年八月旱同上　熙寧中淮西連歲蝗旱居民艱食迺

泰農田中生菌被野飢民得以采食王闢之澠水燕談

元豐二年寶應產靈芝五莖因建橋曰瑞芝雍正志

四年七月泰州海風駕大雨漂浸州城壞公私舍數千

楹宋史五行志三

七年揚州地藏寺殿後牡丹一莖五色雍正志

八年八月淮南水災宋史哲宗紀一

哲宗元祐四年高郵產嘉禾雙蓮駢瓜等瑞物凡十有二時連歲大稔雍正志

八年四月雨至八月晝夜不息淮南大水宋史五行志一上

紹聖元年淮南旱禾一本九穗雍正志

元符元年八月高郵軍蝗抱草死宋史五行志一下

徽宗崇寧元年淮南蝗宋史徽宗紀一

四年泰州禾生穭宋史徽宗紀二

大觀二年淮南大旱自六月不雨至於十月宋史五行志四

政和元年旱上同

五年六月泰州鉦獲白兔上同

重和元年夏江淮大水宋史五行志一上

五年淮南饑宋史五行志五案重和無五年以帝紀攷之當是宣和之誤

宣和元年秋旱宋史五行志四

六年發運使開靖安河禱於神有異蛇見筵間鱗采絢錯儀徵縣志

高宗建炎二年大蝗宋史五行志一下十一月高宗在揚州郊祀後數日有狂人具衣冠執香爐攜絳囊拜於行宫門外自言天遣我爲官家兒書於囊紙刻於右臂皆是

郭鞫之不得姓名高宗以其狂釋不問宋史五行志三

三年二月辛亥早朝有禽翠羽飛鳴行殿三匝一再止於宰相汪伯彥朝冠宋史五行志二下

紹興元年饑淮南民流多殍死宋史五行志五

七年二月辛丑楚貢揚州火宋史五行志二上

十一年饑宋史五行志五

十八年夏淮南旱繫年要錄一百三十九

二十八年九月大風水宋史五行志一上

三十二年六月蝗宋史五行志一下

孝宗乾道元年正月泰州火燔民舍幾盡宋史五行志二上

三年八月淫雨禾粟多腐宋史五行志三

淳熙二年秋旱真揚爲甚宋史五行志四

三年夏四月高郵郡圃芍藥一枝五花郡守王詗以名其堂曰擷瑞雍正志

五年淮南旱宋史五行志四　泰楚高郵黑鼠食禾旣宋史五行志三

六年楚州高郵耶旱宋史五行志四　泰楚高郵軍大饑人食草木宋史五行志五

八年正月揚州火宋史五行志二上

九年七月淮甸大蝗真揚泰州窘撲蝗五千斛宋史五行志一下

十五年淮甸大雨水淮溢楚州高郵軍皆漂廬舍田稼宋史五行志一上

十六年三月壬寅隕石於楚州寶應縣散如火甚臭壓宋史五行志一下　揚州桑生瓜櫻桃生茄宋史五行志三　五月霖雨同上

光宗紹熙二年五月真揚泰楚高郵皆旱宋史五行志四　七月高郵縣蝗至於泰州宋史五行志一下

三年揚州大旱宋史五行志四

四年秋真州潰牌東池及東園並産瑞蓮雍正志

五年五月泰州大水宋史五行志一上　八月揚州獻白兔宋史

五行志四

寧宗慶元元年七月高郵旱飛蝗自淩塘至城皆抱草死其腦各有一蛆食之（高郵州志）

六年揚楚滁州乏食（宋史五行志五）

嘉泰元年兩淮旱（宋史寧宗紀二）

開禧二年淮東饑（宋史五行志五）

嘉定元年大疫（宋史五行志一下）真州產芝州民來獻適州守堂成因名曰瑞芝（雍正志）

二年兩淮大饑斗米錢數千人食草木淮民流於揚州者數千家殍死日八九十人（宋史五行志五）

八年蝗食禾苗山林草木皆盡宋史五行志一下

理宗紹定四年揚州北三十二里招賢鄉有鳳凰來因名地曰鳳凰林雍正志

淳祐二年五月兩淮蝗宋史五行志一下

十一年泰州風宋史五行志五

度宗咸淳元年二月二日真州火二十五日丑刻火午刻復火居民燬蕩僅存客館及漕臺州治雍正志

九年十一月有虎出揚州市毛微黑宋史五行志四

恭帝德祐元年揚州禁軍民毋得畜犬城中殺犬數萬同上

二年正月寶應縣民析薪中有天太下趙四字獻之制置使李庭芝宋史五行志三上　文文山集云予至真州苗守再成為予言近有樵人破樹樹中有生成三字曰天下趙亟取不視之果然其字青深半樹解揚州半樹留真州三字瞭然不可磨也

揚州饑民相食宋史五行志四

元

世祖至元十七年三月高郵等處饑元史世祖紀八

十八年三月揚州火同上　案五行志作二月　四月泰州饑同上

二十二年揚州進芝草元史世祖紀十　高郵大水漂人民廬舍元史五行志

二十六年兩淮屯田雨雹害稼元史世祖紀十二

二十九年揚州大水元史世祖紀十四

成宗大德元年揚州旱元史成宗紀二　十月揚州饑同上

二年十二月揚州路旱蝗同上

三年七月揚州屬縣蝗在地者為鶖啄食飛者以翅擊死詔勿捕鶖元史成宗紀三　八月揚州饑元史五行志成宗紀作十二月

九月揚州旱元史成宗紀三

四年三月高郵府寶應縣民孫奕妻朱氏一產三男同上

五月揚州旱蝗同上

五年七月朔晝晦暴風起東北雨雹兼發江湖泛溢東起通泰崇明西盡真州民被災死者不可勝計同上　八

月江都興化等縣蝗元史五行志　高郵揚州蝗泰州揚州

高郵旱同上

六年五月揚州路蝗同上

九年六月通泰蝗同上　八月揚州饑同上

十年十一月揚州饑同上

武宗至大元年八月揚州蝗元史武宗紀一

二年揚州高郵蝗同上

仁宗延祐二年二月眞州揚子縣火元史仁宗紀二案五行志作元年

四年閏月揚州饑元史仁宗紀三

六年四月揚州火燬官民廬舍二萬三千三百餘區宏簡

錄仁宗紀 案五行志作一萬 九月揚州路饑 元史仁宗紀三

七年六月高郵水 元史英宗紀一

英宗至治元年五月高郵旱 同上 七月江都縣蝗 元史五行志 英宗紀作八月 八月高郵興化縣水 元史英宗紀一

二年四月揚州眞州火 元史五行志、英宗紀二 六月揚州屬縣旱 元史

三年九月揚州屬饑 元史泰定帝紀一 十月揚州江都火燔四百七十餘家 同上 案五行志作九月

泰定元年六月揚州路旱 同上

二年五月高郵興化水 元史五行志

三年五月揚州屬縣官田水元史泰定紀二　七月高郵蝗元史五行志一　九月揚州屬縣水元史泰定紀二

四年正月揚州路饑同上　四月揚州屬縣饑同上　大風海溢雍正志

文宗天曆二年興化寶應水沒民田同上

至順元年二月揚州饑元史文宗紀三　高郵寶應興化等縣水江都雨害稼元史五行志　七月揚州路蝗元史文宗紀三

三年五月揚州江都縣水元史文宗紀五　八月江水溢高郵之寶應興化二縣元史寧宗紀

順帝元統元年兩淮旱民大饑元史順帝紀一

至元二年高郵大雨雹元史順帝紀二靈芝產於江都縣南
一本九莖雍正志
至正元年六月泰州海溢元史順帝紀三
二年八月揚子江水一夕忽竭舟楫皆滯泥塗江底出
錢貨無數蓋覆舟所沈者人爭取之累日復通流或曰
此江竭也雍正志
十二年江淮蘆荻多爲旗鎗人馬之狀節間折開有紅
暈成天下太平四字同上
十五年江淮間羣鼠叢擁如山過江東去同上
十七年揚州城中屋址徧生白菜大者重十四五斤泰

州海陵縣民劉子彬親家水生連理同上

明

太祖洪武六年揚州饑明史五行志三

十一年七月揚州海溢明史太祖紀二

二十二年七月海潮壞捍海堰雍正志

成祖永樂七年水明史五行志一

九年正月高郵甓社等九湖及天長諸水暴漲六月揚州屬縣江潮漲四日漂人畜甚衆同上

二十一年揚州水同上

宣宗宣德元年江都縣太和鄉獲白兔雍正志

十年大饑 明史五行志三

英宗正統二年六月揚州大水 明史稿英宗紀

九年江潮漲溢高丈五六尺溺男女千餘人 明史五行志一

十一年江都縣上方寺産芝一本 雍正志

景帝景泰三年兩淮大水河決 明史稿景帝紀

五年五月揚州大雪竹木多凍死七月復大雪冰三尺海水亦凍 雍正志　六月揚州潮決高郵寶應隄岸七月大水 明史五行志一

七年六月揚州大旱蝗 同上

英宗天順四年揚州民婦一産五男 同上

七年大雨腐二麥明史五行志三

憲宗成化三年七月海溢壞堰六十九處雍正志

六年秋至七年春揚州大旱運河竭同上

九年沙溝砦獲白兔同上

十二年揚州大水明史五行志一

十四年揚州地震明史五行志三

十六年秋八月儀真縣黃氏井中火出高數丈雍正志

十九年揚州饑明史五行志三

孝宗宏治二年江都致仕知府馬岱宅產紫芝之一本雍正志

三年八月乙卯地震明史五行志三

四年夏揚州蝗明史五行志一

十一年揚州運司廳前古槐上烏產白雛毛羽鮮潔喙足皆紅雍正志

十七年江都縣民刁穆田產瑞麥寶應縣產瑞麥有至四五歧者大學士楊一清作瑞麥歌紀之同上　淮揚饑人相食明史五行志三

十八年地震同上

武宗正德元年正月朔揚州河水冰結成樹木花卉之狀民間器皿內冰合有成牡丹花形者雍正志

三年雷擊郡學崇文閣四柱冬寒甚高郵河水冰結成樹木花卉之形同上　揚州饑明史五行志三

七年儀眞縣火燔民居數百家人多見飛鴉銜火雍正志

八年春三月儀眞月宮巷桂樹生花同上

九年淮揚旱明史五行志三

十三年揚州饑同上　大雨彌月漂室廬人畜無算明史五行志二

十四年揚州大風拔木江海溢數十丈漂沒廬舍雍正志

淮揚饑人相食明史武宗紀

十五年旱明史五行志三

世宗嘉靖元年七月揚州大風雨雹河水泛漲溺死人畜無算明史五行志

二年七月揚州大水同上　江都縣甘泉山葛氏塋域產五色芝十餘本泰州大水民饑疫作雍正志

七年寶應縣開越河見二龍戲射陽湖中鱗介悲鳴時四面大雨獨不及工所人咸異之同上

八年六月飛蝗積者厚數寸長數十里食草木殆盡數日飛渡江食蘆荻亦盡八月蝗復自北來群飛蔽天其積者綿亘百里厚尺許山行者衣履皆黃禾稼不登高郵州志

十一年秋儀真縣城南天火墜大如斗燬民舍及柴舟雍正志

十三年儀真縣民鄧氏宅產芝一本三莖同上

十五年興化沈氏新瓞產瓠瓜一蒂三實儀真縣蝻生知縣楊孫仲諭民掘坎積數百斛會連雨遂盡滅高郵旱蝗不爲災知州鄧詰作賞豐亭同上　有流火如斗南隕民田五月有白龍見雲中儀徵縣志

十八年閏七月海潮暴至溺死數千人泰州志　十月雨木冰儀徵縣志

二十一年七月蜀岡禪智寺產靈芝九莖雍正志　儀真

黑霧連日至未不解氣腥穢逐人二十步外不能相見儀徵縣志

二十五年六月興化縣五色雲見雍正志

二十七年十月雨木冰儀徵縣志

三十一年興化縣五色雲見雍正志

三十二年饑明史五行志三

三十三年揚州旱同上

三十五年儀高寶泰俱大水興化縣仰止祠生雙穗麥

二木志雍正　三月洲變黑臭儀徵縣志

三十六年春三月高郵州菊有花儀真縣產白芝雍正志

三十七年七月江都縣有黑白二龍鬬於空中起西南折而東大風晝晦星見所過折樹拔屋壞縣　文廟西南角暨兩廡廟門民家器皿窗屏及津渡木梁盤旋空中至百餘里外始墜同上　九月興化縣慶豐鎮見照池沼爛如錦綺同上

四十年春大水平地水深數尺漂沒廬舍害田稼儀徵縣志

四十四年正月雷電交作木冰同上

四十五年四月大雷電雨雹同上

穆宗隆慶元年泰州大稔升米三錢雍正志

二年高郵地震同上

三年興化有牛生犢眼出於頂尾生於鼻同上　秋大水海潮溢舟行城市溺死無算泰州志　冬大雪簷冰長丈餘儀徵縣志

神宗萬厤二年八月揚州河溢傷稼明史五行志

三年二月淮揚大水八月河決高郵同上

四年高郵清水隄決同上

五年閏八月淮河南徙決高郵寶應諸湖隄同上　都御史潘季馴築寶應河隄決口以蛟龍宅其中鑿舟沈鐵夜有蛟作雷雨化去浮蛻水面雍正志　九月彗星見西南泰州志

六年大水十二月雷同上

七年大風拔木十一月大風壞漕舟民船千餘儀徵縣志

八年洪水至泰州志

九年濵海潮漲淹死無算同上

十年十月大風壞漕舟民船數千艘雍正志　淮揚海漲浸鹽場三十淹死二千六百餘人明史五行志一

十一年閏二月丁卯泰州寶應雨雹如雞子殺飛鳥無算同上　夏旱大蝗有秃鶖海鴿飛而食之雍正志

十二年十月地震儀徵縣志

十三年二月丁未揚州地震江濤沸騰明史五行志三　十月

初六日夜地震雍正志

十七年十八年旱蝗相仍下河菱葑之田盡成赤地有黑鼠無數穿地食菱葑根經野燒並爲灰土田多不耕而墾興化柴場中忽生菌民多取以爲食同上

十九年冬十月揚州湖淮漲溢決邵伯隄五十餘丈高郵南北俱衝明史五行志一

二十一年高郵寶應大水決湖隄同上

二十五年揚州雨黑豆泰州雨粟雨毛雍正志 泰州志作二十四年

二十八年二月大雪兼雨雹泰州志

二十九年二月二十九日將昏南方大雹并雪北方雲

赤色（同上）

三十六年儀真大水市河行舟（雍正志）

四十三年二月己卯地震（明史五行志三）

四十四年七月揚州蝗（明史五行志一）土鼠千萬成羣夜銜尾渡江絡繹不絕幾一月方止（明史五行志二）

四十五年旱蝗飛蔽天入民室牀帳皆滿（泰州志）

四十六年夏旱蝗九月二十日黎明東南有白氣沖天日出不見凡十餘日十一月彗星見東方下破軍星五尺光芒拂北斗（同上）

熹宗天啓元年天寧寺烏巢生白鴉喙距皆赤（雍正志）

三年十二月揚州地震是時儀眞有男子衣五色紙衣論者以爲服妖（同上）

懷宗崇禎元年九月地震瓦屋動搖有聲（儀徵縣志）

四年興化大水是年冬有民見春初所下穀種結實水中爭取食之（雍正志）

五年饑流殍載道（明史五行志三）

六年洊饑有夫婦雉經於樹及投河者（同上）

七年江溢漂沒無算（儀徵縣志）

十一年儀眞城西地裂長數丈濶數尺屋宇傾壞（雍正志）

十二年春儀眞雨黑子如豆（同上）　泰州旱蝗冬無雪赤

光亘天泰州志

十三年大旱飛蝗食草木竹葉皆盡斗米銀四錢江儀民掘貂岡下黄白土食之高郵民亦於土山掘石屑食之名曰觀音粉雍正志

西方紅氣亘天至冬不變儀徵縣志

十五年泰州雨雹破人屋廬雍正志

十六年四月有黑氣自北而南其長竟天儀徵縣志

國朝順治二年泰州麥秀兩歧雍正志

七年揚州旱同上

十年大旱饑高郵州志

十一年江都有龍亘天麟甲皆見雲皆成五色光焰照

人咸以爲太平之應雍正志

十八年江都伐木造船木中有觀音大士像眉目如畫

同

康熙元年御史鄭爲光宅產芝同上

四年江都雨雹有大如斗者高郵大風湖漲水湧城市

有水怪長丈餘形色白東向去舟觸之輒壞同上

五年五月朔有霜泰州志

六年八月儀徵蝗入境不傷禾十一月有四龍見城西

年大稔雍正志

七年夏六月揚州地震同上

十年淮水漲清水潭隄決田廬没 高郵州志

十一年有虎入高郵境渡湖傷人擒之是年清水潭復決有巫言曰耿侯賜爾民魚俄而上下河魚忽涌出人爭取之市中魚一斤直錢一文 雍正志

十八年十月高郵大水民饑水田忽生草曰三稜有老嫗教民取食顆以全活者數萬秋江都有鳥大如鵠毛羽五采集舊城中移時乃去 同上

十九年江都麥秀兩岐有一莖三五穗者 同上

二十一年興化縣民韓日昇妻孫氏一產三男 同上

二十二年有虎至江都黄珏橋齧民間竹園一日而去

同上

三十五年七月颶風霪雨水暴至高郵南水關決高郵州志

三十八年六月高寶湖水漲漫邵伯河隄決壞民廬舍雍正志

四十四年二月十七日高郵湖中見一山樹木屋宇森然可望同上

四十六年、

仁廟南巡揚州居民錢氏家黃楊樹枝生連理同上

五十四年自春徂秋作霪雨中下田俱淹高郵州志

五十六年高郵湖中見城郭樓臺人民麇市歷歷如畫

雍正志

五十九年秦州諸生王晉原家產紫芝一本同上

雍正七年七月江都瓜洲草龍港忽集蝗蝻無數知縣陸朝璣同營弁往捕蝗皆自投於江不損禾苗歲大稔同上

十年江都縣四境皆雨豆七月秦州風雨大作壞屋拔木江海溢同上

十二年大風壞屋海潮溢同上

十三年秋大水冬雨黑豆同上

乾隆元年正月高郵湖珠現秋水成災高郵州志

五年五月大風雹有白龍旋舞雲中驟雨傷禾同上

七年七月開五壩堵南北水關上下兩河田廬盡沒同上

夏秋淫雨潰隄決漂溺廬舍鹽法志

十一年七月大風拔木秋水成災高郵州志

十二年七月大風潮淹損通淮泰所屬鹽場男婦丁口鹽法志

十八年七月西風暴緊六漫隔界首西隄堵民被衝車邏塌石脊封土前後決開六十餘丈嗣是諸壩齊開上下河田盡淹屋廬飄蕩無算高郵州志

二十年五六月連雨四十餘日水暴漲沒田民食草根

樹皮石屑（同上）

二十一年大水大疫（東臺志稿）

二十四年正月高郵湖珠現七月又現夏大旱蝗六月一夕大雨蝗盡滅秋水成災（高郵州志）

二十九年三月地震屋宇皆動秋大水（儀徵續志）

三十一年十二月風沙發民廬舍城南玉虛閣災延及民廬時有星如瓜光芒四射（同上）

三十三年大旱蝗（東臺志稿）

三十六年正月高郵湖珠現（高郵州志）十二月儀徵北城樓火越三日沙漫洲火焚鹽艘客舟傷人無算（儀徵續志）

四十六年正月高郵湖珠現十一月鄉民于志學妻管氏一產三男(高郵州志) 十二月大雷雨(儀徵縣志)

五十年東臺大旱三月至明年二月方雨民饑(東臺志稿)

五十四年十二月二十七日夜雷雨(儀徵續志)

五十五年五月大風暴雨起城西壞樓櫓官廨學舍坊表牆垣屋樹皆易故處(同上)

五十九年何垛場竈民田中黍稭數百株結成太平字(東臺志稿)

嘉慶元年富安場民陳凤兆年八十五世同堂(同上)

四年七月大風海溢范公隄決淹民舍田禾(同上)

十年大旱六月海潮溢五墈決漂沒田廬同上

十二年二月竈民成文忝妻陸氏一產三男同上

十三年大水秋荷花塘決同上

十四年五月起家梁民丁鴻彝年九十五世同堂同上

重修揚州府志卷之七十

【同治】續纂揚州府志

（清）方濬頤修　（清）晏端書、錢振倫等纂

清同治十三年（1874）刻本

附祥異

嘉慶十五年四月高郵湖珠再見高郵州志

十七年秋大水高郵州志

十八年夏儀徵民婦魏氏一產三男儀徵縣志

十九年春興化麥秀雙岐興化縣志　夏秋大旱儀徵東臺縣志

二十年夏東臺麥秀雙岐東臺縣志　秋大水高郵州志

二十一年夏大水高郵州志

二十三年九月高郵地震高郵州志

二十四年秋大水高郵州志

二十五年夏大水高郵州志

道光元年甘泉壽婦卓呂氏年百歲新採

二年秋大水高郵州志

三年五月暨後江潮漲溢沿江田廬蕩盡儀徵縣志

四年十一月大風決高堰十三堡田廬多淹沒高郵興化寶應

志同

五年江都諸生梁觀志年八十二歲五世同堂親見七代觀志之父職員梁榁嘉慶九年五世同堂先後再見新採　夏高郵麥秀雙岐高郵州志

六年夏大水高郵州志寶應縣志　秋大水東臺縣志

七年東臺壽婦湯陳氏年百歲新採

八年秋大水高郵州志

九年六月高郵地震高郵州志

十一年五月大雨江潮湧漲漂流人畜無數八月儀徵地震儀徵縣志　六月十八日運河決馬棚灣次日張家溝

復溢高郵興化寶應田多淹沒高郵興化寶應志同

十二年秋大水高郵州志興化縣志

十三年秋大水儀徵縣志高郵州志

十四年七月高郵地震十一月木介高郵州志

十五年除夕甘露降興化縣志

十八年夏大水儀徵縣志

十九年五月大雨江溢九月儀徵地震十月江湖復漲儀徵縣志

秋大水高郵州志興化縣志

二十年五月大雨江溢儀徵縣志

秋大水高郵州志興化縣志

二十一年正月至閏三月淫雨九十日二月至閏三月

大江神燈成隊五月大雨江溢七月江潮高丈餘儀徵縣志

秋大水高郵州志興化縣志

二十二年七月儀徵土生毛儀徵縣志

二十三年五月至七月大蝗興化縣志

二十四年江都壽婦葉李氏年百歲新採

二十六年六月儀徵地震儀徵縣志

二十八年六月大風雨江溢七月大風雷雨田廬漂沒

八月大風雨江淮湖海同時異漲儀徵縣志

二十九年秋大水江湖並溢以下皆新採

咸豐元年東臺角斜場海潮漲溢決范公隄

六年五月至八月大旱運河水竭

八年東臺壽民劉于俊年百有三歲五世同堂

十年秋大水小六堡漫口

同治五年秋湖水盛漲決淸水潭

十一年夏大水

十二年秋大水

十三年夏大水

案節孝志載江都孝女林氏年百歲廿泉卓某妻某氏年百有三歲葉某妻呂氏年百有一歲徐彤妻韓氏及身五世興化楊尙琬妻姚氏年百有二歲仇有珍妻邱氏年百有三歲寳應王某妻鄭氏年百歲東臺吳維垣妻洪氏年百歲年分俱不可考又據新採錄報東臺諸生徐邦翰之妻繆氏卒年百歲其母繆

徐氏百有五歲事載縣志年分亦不可考又職員許

文炳之祖母鄧氏現年百歲住徐家集姑附於此

【康熙】江都縣志

（清）李蘇纂修

清康熙五十六年（1717）刊本

祥異

〔漢〕景帝五年暴風西來壞城垣數十丈

〔晉〕武帝咸寧元年五月大風折木壞民居千餘家四年秋七月大水傷稼太康四年秋大水五年秋雨傷稼六年六月有木連理生是年冬十二月震電

惠帝元年二年五年六年八年秋俱大水傷稼永康元年秋八月大水元帝興寧元年夏四月地震湖水溢安帝元興二年春江夜溢漂没人無算天元十年四月謝安出鎮揚州始發石頭城金鼓無故自破此

木沴金之異也月餘以疾還遂薨

宋文帝元嘉十二年夏大水發徐南兗穀賑之十八年六月甘露降九月江都石梁澗出石鐘大小九口刺史以獻二十一年白燕見二十五年白鹿見二十八年七月嘉禾生孝武孝建二年五月有流星大如斗尾長十餘丈自西北墜廣陵城

南齊武帝建元元年甘露降

梁武帝普通元年秋七月江溢是時侯景叛連歲旱荒江揚尤甚百姓流亾採草根木葉食之死亾載道富

室有衣羅綺抱金珠伏床側而死者千里絶無人烟

積白骨如丘隴

陳文帝太建十四年秋江水赤如血

隋煬帝大業十三年江都宫城諸殿屋鴟尾上鐵索盡

爲群烏銜拔是年五月辛卯夜有流星如甕墜于江

都九月五日並出十一月火星殞于江都未及地而

南至吳郡始墜十四年三月帝在江都暴風晝晦

唐太宗貞觀八年秋七月大水太極元年秋七月地震

元宗開元三年有熊晝入城七年閏七月揚州奏一

角獸見十九年奏穭稻生代宗貞元二年夏六月江溢六年大旱井泉竭人多渴死八年大水害稼漂没城郭廬舍民居憲宗元和三年旱詔免淮南今歲田租六年以水旱頻仍命蠲租文帝太和八年三月揚州火燔民舍千區後復火燔民舍尤多開成元年六月揚州民齊明家馬生角二年夏旱運河竭十二月市火復燔數千家三年螟蝗害稼僖宗光啓二年冬十月陰晦雨雪越歲二月不解是歲蝗揚州雨魚又蝗自西來行而不飛浮水緣城入揚州公署竹木桐

葉皆齧盡旬日相呑食死三年揚州大飢米斗萬錢

五代周世宗顯德六年淮南大飢世宗以米貸之

宋太祖建隆元年揚州飢遣使賑貸開寶八年揚州軍卒俞釗妻一乳生三男眞宗咸平元年淮南飢詔江淮發運使留上供米五千石備賑天僖元年春二月蝗生六月大風吹蝗入江或抱草木僵死仁宗天聖二年大水漂溺居民楊子尉胡宿曰拯溺吾職也率公私舟捄濟全活數千人神宗元豐七年揚州地藏寺牡丹一萼花五色哲宗紹聖元年淮南軍禾一本

九穗徽宗崇寧二年旱夏六月不雨冬十月乃雨高
宗建炎三年帝在揚州二月辛亥旱朝有禽翠羽飛
鳴行殿止于宰相汪伯彥朝冠紹興七年揚州大旱
十一月飢令通商移粟孝宗隆興二年霖雨傷稼民
飢十年夏旱遺蝗復生害稼詔禁捕鶖十六年揚州
桑生瓜櫻桃生茄夏五月霖雨傷稼光宗紹熙三年
揚州大飢詔令出粟十萬石以賑四年六月遣留正
賑江淮被災貧民四年秋七月漕廨池閣並產瑞蓮
五年揚州獻白鹿寧宗慶元元年春正月詔捐淮南

租稅以恤飢民五年大水乏食命守令賑濟嘉定元年淮南大飢民流徙江浙者百萬詔發廩米二十萬石錢一百萬緡命江浙制置使賑之先是開禧開邊淮南殘于兵火農夫失業斗米二千殍者十三四炮人肉雜馬糞以食二年春兩淮南大飢斗米數千錢人封道殣食盡發瘞胔詔發廩粟以賑令州郡設廠賑粥飼活之詔淮南諸路收養遺棄孤兒三年城野數處產紫芝八年夏蝗食禾草木皆盡理宗紹定四年揚州招賢鄉有鳳凰來儀因名其地爲鳳凰林六

年六月江淮飛蝗蔽空食禾殆盡八年開福寺産芝三莖大者廣八寸色間紅紫度宗咸淳九年十一月辛卯有虎出市中德祐三年揚州飢穀價騰踊民相食

元世祖至元十八年火詔發米七百八十石以賑仁宗皇慶六年四月火燔官民廬舍一萬三千餘區三年火燔四百七十餘家文宗天曆三年大水順帝至正二年靈芝産于縣西一本九莖至正三年揚子江一夕涸舟楫皆在泥塗江底露出錢貨無數俱從來覆舟遺物也人爭取之如是者累日江復安流識者曰

江嘯也後元果先失江東七年揚州城內屋宇遍生白菜大者重十四五斤小者亦七八斤

明太祖洪武二十三年大旱宣德元年江都太和鄉獲白兎五年歲歉多殍命戶部侍郎曹江賑正統二年火燔燒數千家詔免田租五千石五年大旱令戶部主事鄒來學賑濟九年江溢溺死江都民一萬七千餘人十一年江都上方寺產瑞芝一本九莖景泰五年大雪五月復大雪冰結三尺又水民飢免田租六年大水詔免田租是年江水溢遣官齋香帛命巡撫

都御史王竑致祭江神七年旱蝗命巡撫都御史王竑祭禱江海山川之神設法以賑天順元年水旱命巡撫都御史王儉賑之成化元年水災命都御史吳理賑之免税糧五千石二年奏水旱二災命僉都御史吳琛賑之七年春大旱運河竭命工部侍郎王恕祭禱于江湖山川諸神弘治元年五月風潮漂没民居四百餘家二年知府馬岱宅產芝一本十一年運司公署古槐上烏產白雛毛羽鮮潔紅喙朱足是年詔減來歲田租之半十四年春至十六年秋大旱且

疫命吏部侍郎王華賑之七年田產瑞麥十八年大旱飛蝗蔽天食禾殆盡正德元年河水冰狀如樹木花草民間器皿內冰合有成牡丹芍藥花形者二年大旱蝗食禾盡雷擊府學崇文閣四[illegible]八年五月不雨至秋七月乃雨十二年大水無秋麥十三年五月大水無麥命免被災夏稅秋糧撥漕米一萬石賑之嘉靖元年七月大風雨江潮暴漲漭沒男婦一千七百四十五口二年正月至六月不雨禾苗盡槁七月霪雨無收詔免稅糧一萬石又有江都甘泉山民葛

氏塋域產紅紫白五色芝十餘本是年大水衝決河堤渰沒田廬歲大飢民相食久之疫作命兵部侍郎席書賑之免三年田糧三萬五千石五年旱七年夏旱蝗蝻生秋大水命減免米折馬價減夫役留操軍米以恤之十二年霪雨傷麥霾沙屢作蝗蝻遍起命寬租賦十四年江淮大旱飛蝗蔽天命賑濟折馬價以恤之仍發存倉貯稻五萬八千五百五十五石以賑十九年旱蝗自西北來傷田禾後復大水命免稅糧九萬八千六百餘石又發貯倉稻五千石賑之二

十一年四月雨雹秋七月禪智寺產芝九莖十七年
黑白二龍相鬬起西南大風晝晦所過折樹拔木壞
縣學文廟西南角暨兩廡廟門民間器什窗扉舞空
如蝶數十里始墜萬曆十年十二月大風壞漕艘民
船千餘十三年十月初六夜地震二十四年大水有
賑三十九年太白晝見四十六年白氣亘天自東北
亘西北天啟元年天寧寺樹烏鴉巢出白鴉紅嘴朱
距三年十二月二十四日地震如雷崇禎九年三月
雨紅沙夏無麥十年大疫民多死死即朽爛出屍虫

不能殮十一年八蜡廟大樹雨中自焚十四年大旱蝗飛塞路竹樹草木葉皆盡斗米四錢民掘蜀岡下土如麪者食之呼曰觀音粉十五年隕霜形如戈戟十六年大風壞文廟前興賢坊

皇清順治十一年五月龍現空中隨有卿雲旋繞照耀繽
紛民間樓閣邨落皆如絢綵識者以爲太平之瑞康
熙十九年麥秀兩岐或一莖三穟四穟自是多獲歲
稔四十四年我
皇上巡閱河工
駕幸天寧寺
御製詩篇
詔近侍詞臣賡和日午天忽垂五色綵雲羃歷寺頂形如
華蓋凝聚久而不散空中和風澹盪異香芬郁萬民

從觀者咸踴躍仰瞻歡呼萬歲

【乾隆】江都縣志

（清）五格、黄湘纂修

清光緒七年（1881）劉汝賢重刻本

漢高帝元年十月五星聚於東井漢志云以歷推之從

祥異附

歲星也此高祖受命之符按五星木為歲星隋志云開闢初五星起於星紀木為東方星紀為吳越元志云星紀之次揚州之分說者謂聚秦分野亦東南文明漸啟之徵　文帝五年吳縣風雨壞城官府民室十二年有馬生角於吳角在耳前上鄉右角長三寸左角長二寸皆大二寸　景帝五年江都暴風從西方來壞城十二丈　東漢明帝永平八年十月壬寅晦日有蝕之在斗十一度　晉武帝咸寧元年五月廣陵大風壞屋舍千餘家折樹木是月甲申廣陵大風又折木太康二年春淮南地震四年秋七月大水五年秋霖雨暴水傷稼六年六月木連理生廣陵海西冬十二月震電　惠帝元康二年大水五年夏五月大水六月大水

六年夏五月大水八年秋大水　懷帝永嘉三年塡星久守南斗塡星所居久者其國有福是時安東將軍瑯琊王睿始有揚土夏大旱　哀帝興甯元年夏四月揚州地震湖溢十二年四月廣陵高平閻嵩家雌雞生無右翅　安帝元興二年廣陵江夜暴漲漂沒居人義熙五年九月己丑廣陵雨雹　宋文帝元嘉三年七月二日庚申日有蝕之在翼四度十二年夏六月揚州諸郡大水運徐南兗穀以賑之揚州西曹主簿沈亮以爲酒糜穀而不足療饑請權禁止從之十五年七月壬申山陽師齊獲白兔於南兗州十七年四月丁丑甘露降廣陵永福里梁昌季家樹南兗州刺史江夏王義恭以聞十八年

六月甘露降於廣陵孟玉季家樹十九年九月戊申廣陵石梁淵中出石鐘九口大小行次引列南向是年南兗州旱二十年再旱二十一年白燕見廣陵二十五年白鹿見廣陵是年五月廣陵輿縣大浦流濤有龍自湖升天太守范邈上言所領輿縣前有大浦控引潮流水常淤濁自此以來源流清潔纖鱗呈形故老相傳以爲休瑞八月壬子白燕見廣陵城廣陵王誕亦於是年獻白燕二十八年七月戊戌嘉禾生廣陵邵伯埭　孝武帝孝建三年六月白麞見廣陵大明元年竟陵王誕遷鎮廣陵入城之日衝風暴起揚塵晝晦又中夜有赤光照室三年三月辛卯白鹿見廣陵新市是年五月十九

日夜有流星大如斗杯尾長十餘丈從西北來墜廣陵城內四年南兖州大水五月辛巳白雀見廣陵侍中顔師伯以獻　齊高帝建元元年九月甘露降淮南郡桃石榴二樹　武帝永明十一年廣陵獲白麐　梁武帝普通元年江南連歲旱江揚尤甚百姓流亡　陳太建十一年正月龍見南兖州池中十四年秋江水變赤色　隋文帝開皇二十年廣陵地震　煬帝大業十三年江都宮城諸殿屋鴟尾上鐵索爲烏鳥啣拔自淮及江東西數百里絶水無魚五月辛卯夜有流星如甕墜於江都十一月有石自江浮入於揚子津十四年三月暴

風吹塵晝晦　唐太宗貞觀八年秋七月江淮大水

高宗總章元年江淮旱饑　武后垂拱元年秋九月淮南地生毛或白或蒼長者尺餘遍居人牀下揚州尤甚大如馬髮長安元年乙亥揚楚常潤蘇五州地震　元宗開元三年有熊晝入揚州城七年閏七月揚州奏一角獸見九年秋七月丙辰揚州暴風雨發屋拔木十四年秋大風自東北來海濤沒瓜步十九年四月揚州奏穭稻生二百一十五頃穭稻自生稻也再熟稻一千八百頃其粒與常稻無異　天寶十年廣陵大風駕海潮沉江船數十隻

肅宗上元二年秋大饑有蟲出於揚州城門上九月江

淮大饑　代宗大歷二年淮南水災　德宗建中三年秋江淮訛言有毛人食其心人情大恐貞元三年春三月揚州大水四年夏四月淮南地生毛六年大旱井泉竭人渴死是年疫七年旱八年江淮大水害稼溺死人民漂沒廬舍　憲宗元和三年旱四年秋淮南旱六年淮南水旱上命蠲其租上謂宰相曰卿輩屢言淮南去歲水旱近有御史自彼還言不至為災李絳對曰御史欲為姦諛以悅上意耳上曰國以民為本民間有災當急救之豈可復疑故有是命七年揚州旱九年秋淮南大水害稼　穆宗長慶三年饑五年夏蝗　文宗太和七年秋揚州大水害稼八年三月揚州火燔民舍千區十月復火燔民舍數千區開成元年六

月揚州民呂明齊家馬生角長一寸三分二年夏旱運河竭十二月火燔民舍數千家三年螟蝗害稼五年夏螟蝗害稼六年饑九年蝗民饑　宣宗大中六年夏饑杜悰傳悰鎮淮南時方旱道路流亡藉藉民於官河中漉得異米自給呼爲聖米　九年以旱遣使巡撫淮南減上供饋運蠲逋租又罷淮南冬至元旦常貢以代下戶租稅　僖宗大中五年淮南饑九年秋旱饑民多流亡遣使巡撫淮南減上供饋運蠲逋租節度使杜悰荒於遊宴上聞之罷悰以崔鉉代十二年大水光啓元年揚州府署門屋自壞故隋之行臺門也規制宏麗至是忽毀淮南蝗自西來行而不飛浮水緣城入揚州府署竹樹幢節一夕如剪幡幟畫像皆

齧去其首撲不能止旬日自相食盡二年九月十大星隕於揚州府署延和閣前有聲如雷光炎燭地冬十一月陰晦雨雪至明年二月不解是年蝗揚州雨魚又有白氣頭黑如髮自東南入於揚州城淮南蝗自西來三年揚州大饑米斗萬錢是年高駢為淮南節度使有二雉雊府署駢惡之後畢師鐸入殺駢　昭宗大順二年春大饑是後大疫光化三年十月太白填星合於南斗天祐六年九月黄河入揚州河兗州刺史奏河水東流濶七十里水勢南流入沓河及揚州河　周世宗顯德六年淮南饑世宗命以米貸之淮南江亭有龍躍於水中　宋太祖建隆元年真州有龍異三年揚

州饑遣使賑貸戶部郎中沈義倫言饑民多死郡中軍
儲尚餘萬斛倘以貸民至秋收新粟公
私俱利有司阻之曰若來歲不稔孰任其咎義倫曰
國家以廩粟濟民自當召和致豐豈尚憂水旱帝從之乾
德二年夏五月揚州暴風壞軍營舍百區三年六月揚
州暴風壞軍營及城上敵棚　太宗雍熙二年冬十二
月江水冰涸化五年民饑　眞宗咸平元年旱景德元
年饑二年復饑六年江水溢壞官私廬舍大中祥符元
年詔江淮發運司歲留上供米五千石以備饑年賑濟
四年饑夏六月大水五年饑七年饑九年秋七月蝗天
禧元年春二月蝗夏六月大風吹蝗入江或抱草木僵
死乾興元年水災　仁宗天聖二年揚子縣大水漂溺

民居揚子尉胡宿曰拯溺吾職也四年秋九月江淮軍
州雨水壞民廬舍六年七月江水溢明道元年饑二年
復饑知通州吳遵路平價糶米及薪芻建茅屋以處流移寶元四年春旱蝗慶歷
四年春旱三月遣內侍詣淮南祠廟祈雨皇祐三年秋
八月淮浙饑嘉祐六年秋七月淮南霪雨為災　神宗
熙甯六年饑七年自春至夏淮南諸路久旱九月復旱
八年秋八月旱饑元豐四年春大水七年地藏寺殿後
牡丹一莖五色　哲宗元祐八年秋八月淮南水紹聖
元年淮南禾一本九穗　徽宗崇甯元年夏蝗大觀二
年大旱自夏六月不雨至於冬十月政和元年淮南旱

六年水時江淮等處州軍被水民戶流移通判蒙安存恤得宜下詔褒美重和元年夏大水民流移漂溺者衆遣使賑之　高宗建炎二年十一月高宗在揚州郊祀後數日有狂人具衣冠執香爐攜絳囊拜於行宮門外自言天遣我爲官家兒書於囊紙刻於右臂皆悖逆語鞫之不得姓名高宗以其狂釋不問宋史五行志　三年二月辛亥早朝有禽翠羽飛鳴行殿三匝一再止於宰相汪伯彥朝冠紹興元年饑三年夏大旱疫　孝宗隆興二年秋七月霖雨壞廣陵田傷稼民饑詔賑之乾道二年歲饑知揚州莫濛請發樁管米賑濟五年夏秋旱蠲江淮等路紹興二十七年至乾道二

年終欠內藏庫歲額錢共八十七萬五千三百緡有奇

七年春旱淳熙三年秋淮甸大蝗揚及真泰捕五千斛蝗飛絕江十年夏旱遺蝗害稼在地者為禿鶖所食飛者以翼擊死詔禁捕鶖十六年揚州桑生瓜櫻桃生茄

光宗紹熙三年揚州饑出粟十萬石以賑四年秋七月揚州漕廨東池並產瑞蓮五年八月揚州獻白兎

甯宗慶元五年揚州大水六年揚州乏食命守令賑之開禧三年水嘉定元年淮南大饑民流徙江浙者百萬人詔發廩米二十萬石錢一百萬緡命江浙制置使賑之先是開禧開邊淮南殘於兵火農久失業米斗二千錢死者十三四炮人馬肉馬糞中以食二年

春兩淮大饑斗米錢數千道殣相望詔發廩賑令州郡置粥院爲糜以活之是年詔兩浙淮南江東路荒歉諸州收養遺棄小兒三年城市及田野數處產芝 理宗寶慶元年揚城大火民廬焚毀知揚州杜庶賑恤之紹定四年州北三十二里招賢鄉有鳳凰來因名其地曰鳳凰林淳祐二年五月蝗六年六月江淮飛蝗蔽空食禾豆八年城南揚子橋開福寺大士殿基產芝三莖大者廣八寸色間紫赤 度宗咸淳九年十一月辛卯黎明有虎出揚州市毛色微黑 元世祖至元十八年揚州火 成宗元貞五年七月戊戌朔揚州黃霧風起東北雨雹大

德二年江水因大風溢高四五丈沿江漂沒廬舍

宗皇慶二年八月大風延祐六年四月揚州火燔官民

舍一萬三千三百餘區　英宗至治三年江都火　泰

定帝時大風海溢　文宗天歷三年江都縣水　順帝

至元二年靈芝產於江都縣南一本九莖至正十二年

江淮蘆荻多爲旗幟人馬之狀間有紅暈成天下太平

四字十五年江淮間孳鼠叢擁如山過江東去十七年

揚州城中壓址徧生白菜大者重十五觔小者亦不下八九觔至正二年

八月揚子江水一夕忽竭舟楫皆滯泥塗江底出錢貨

無數人爭取之蓋歷來覆舟所沉者累日乃復通流識

者曰此江嘯也　明太祖洪武二十二年七月海潮漲溢壞海堰　宣宗宣德元年江都太和鄉獲白兎　英宗正統二年江都火燔數千家十一月江都上方寺產芝一本九年江流漲溢　代宗景泰五年五月揚州大雪竹木多凍死七月復大雪冰結三尺海水亦凍　憲宗成化三年七月海溢壞堰六十七處六年秋至七年春揚州大旱運河竭十六年揚州旱有蝗從東北來蔽空翳日蝗以旱來來自東北詔令推究預防　孝宗宏治二年江都致仕知府馬岱宅產芝一本十一年揚州鹽運司公署槐樹上烏產白雛毛羽鮮潔紅喙紺足馴擾可愛　十四年春至十六年秋揚

州大旱疫命王華賑之十七年江都民刁稷田產瑞麥十八年揚州大旱飛蝗蔽天食田禾盡　武宗正德元年正月朔揚州河水冰結成樹木花卉之狀民間器皿內冰合有成牡丹芍藥形者十四年大風拔木江海溢數十丈漂沒廬舍　世宗嘉靖元年七月二十五日大風雨江潮泛漲沒民居甚衆二年江都縣大饑民相食且病疫是年大水衝決江都泰州等處河堤四年揚州水五年揚州旱七年夏旱蝗蝻生秋大水十九年夏揚州旱蝗自北而來傷田禾秋復大水三十七年有黑白二龍鬪空中起西南折而東大風晝晦星見所過折樹拔屋壞縣文廟民間器皿窻

屏及津渡木梁盤舞空際至百餘里外始墜　神宗萬
歷十年十月大風壞漕舟民船千餘艘二十一年揚州
漕堤决二十五年揚州雨黑豆　熹宗天啟元年天甯
寺鳥巢生白鴉嘴距皆赤七月揚州雨紅沙　莊烈帝
十三年飛蝗食草木竹葉皆盡十四年大旱斗米錢四
百民掘蜀岡黃土食之呼曰觀音粉食之多死
國朝順治十一年江都有龍豆大鱗甲皆見雲皆成五色
光耀照人咸以爲太平之應十八年江都伐木造船木
中有觀音大士像眉目如畫　康熙四年江都水旱互
見免被灾田畝稅糧十四年八月大風雨十日餘水漲

溢江都竹林寺漕堤決十九年夏江都麥秀兩岐有一莖三五穗者是後連歲豐稔二十二年有虎至江都黃珏橋踞民間竹園一日而去三十八年六月官河決邵伯堤壞民廬舍旋蒙

詔河臣修築民復安堵　雍正元年揚屬大稔七年七月江都瓜洲草龍港忽集蝗蛃無數知縣陸朝璣同營弁往捕蝗投於江禾苗不損十年江都縣四境皆雨豆　乾隆自元年以來江都年穀順成河海清晏雖無奇祥異瑞之呈而士食舊德農服先疇工恬商嬉物無夭札民無疵癘所謂百穀用成乂用明俊民用章五者來備各

以其敘庶草蕃蕪府事共修和矣

【嘉慶】江都縣續志

（清）王逢源修　（清）李保泰纂

清光緒七年（1881）劉汝賢重刻本

江都縣續志卷一

鎮江府知府前江都縣知縣王逢源
國子監博士前揚州府教授李保泰　同輯

前志卷一建置 沿革表附

前志卷二星野 祥異附

祥異

古休咎之徵自日星以逮動植史皆謹志之然大者不僅關一邑倘然物變又適滋附會誠莫重乎水旱也今記其畧

乾隆二十年水

二十四年二十五年二十六年俱水

三十三年旱

三十九年四十年俱旱

四十三年旱

五十年大旱

嘉慶九年十年十一年俱水

十三年水

謹按江都濱江瓜洲潮日兩上夏秋盛漲亦或侵突隄岸而爲害尚微惟邵伯一湖仰承洪湖五壩遇有潰決自甘境金灣諸處直下皆係江境則田廬俱不

可保然地又當運河下流之委勢若建瓴無能節遏中間復有運鹽河曲折貫注堰壩啓閉不常盛夏數日不雨即處亢旱矣我

國家賑貸殊恩爲從古所未有窮檐疾苦纖悉不使稍遺守土者奉承

德意得稽故牘而考識之

【光緒】江都縣志

（清）謝延庚修　（清）劉壽曾纂

清光緒十年（1884）刻本

大事記第二　　江都續志二

嘉慶十七年增設揚州營中軍守備　十九年建瓜洲江神廟敕頒匾額　二十一年閏六月洪湖盛漲啟歸江各閘壩　二十三年建孝子孫楨祠　二十五年改揚州營游擊爲參將

道光二年修縣學　三年五月江溢洲田災修築瓜洲埽壩蓋壩濬瓜洲拖橋河七月建廣陵十二烈女祠　四年建贊化宮修揚子橋石閘　五年祀河道總督黎襄勤公世序於名宦祠　六年六月洪湖盛漲啟歸江

各閘壩　七年濬芒稻河閘以揚州營左軍守備移駐高郵　八年正月開瓦窰鋪以北新河改築瓜洲城祀兩淮鹽政李贊元於名宦祠　十年五月大雨街市積水數尺城圮壓近堞民屋民有死者是年省芒稻河閘官　十一年三月築瓜洲縴道五月大雨江溢洲民疫　十二月於邵伯鎮西岸外開越河築縴隄　十二年省揚州府檢校所領邗溝閘壓啟閉之政以揚州府經歷兼之　十三年秋大水修洲圩以工代賑祀江蘇學政周系英於名宦祠　十四年修瓜洲圩隄祀江蘇學政胡高望於名宦祠刑部尚書史致儼於鄉賢祠　十八

年夏大水　十九年五月大雨江溢十月江再溢　二
十年五月大雨江溢是年改揚糧通判爲揚運通判
二十一年自正月至於五月多雨江溢七月江湖高丈
餘　二十二年五月英國兵船入長江築壘瓜洲府城
戒嚴瀕江各洲治團練兩淮鹽運使但明倫常鎮通海
兵備道周項機餘東揚大使顏崇禮至瓜洲犒師六月
解嚴　二十三年瓜洲城圮移救生局於通惠門外祀
兩淮鹽運使俞德淵於名宦祠　二十五年修縣學冬
大東門城頭有氣上騰如炊釜地不積雪古者以爲將
起蛟掘而伐之獲鐵釜二　二十六年設鹽捕營　二

十八年六月大雨江溢七月大風雷雨洲田災八月大風雨江湖並溢是年裁江防同知揚運通判爲江運同知　二十九年秋江湖並溢修萬福橋　三十年八月知府魏亨逵諭禁小車入城下縣勒石是年改江甘食鹽商運爲票販鹽運使署火
咸豐二年十一月壬子地震　三年正月廣西盜東犯漕運總督楊殿邦前兩淮鹽運使但明倫防堵揚州營於五臺山二月乙酉賊渡江戊戌府城陷揚州營參將朱占鰲江都教諭黃元灝便北汎把總田登仕外委孟德慶死之三月一等奉義侯大學士琦善直隷提督陳

金綬內閣學士勝保統直隸河南陝西黑龍江馬步兵
由河南信陽援揚州奉
旨授琦善爲
欽差大臣督辦江北軍務琦陳勝三軍皆營於西北路
四月賊分隊由浦口北竄五月浙閩總督慧成率宣化
鎮兵由東河至漕運總督查文經率漕標徐州鎮兵由
淮安至左副都御史雷以諴招募淮徐勇丁自立一軍
由徐州至分營於灣頭鎮陳家港爲福橋城闔始合六
月雷副都奉
旨擢刑部左侍郎幫辦江北軍務雷侍郎創議捐收百

貨釐金助饟約取百中之二三蓋用浙人錢江之謀也
後遂推行於東南各省資以平賊□月雷侍郎殺錢江
十一月戊辰賊竄瓜洲諸軍收府城　四年二月雷侍
郎移軍馬蟻墖三月
朝廷以江甯布政使文煜領東路一軍駐萬福橋六月
琦大臣薨於軍
欽差大臣江甯將軍托明阿接統江北軍雷侍郎仍幫
辦江北軍務　五年三月奉
旨以提督陳金綬幫辦江北軍務十一月築瓜洲以北
長圍是年復江甘食岸商運　六年二月己丑瓜洲賊

糾鎮江江甯賊來犯托大臣退守東路府城陷知府世焜同知朱守讓前同知浙齡死之托大臣陳提督雷侍郎皆奉

旨革職加侍衛德興阿都統銜爲

欽差大臣督辦江北軍務以少詹事翁同書幫辦江北軍務辛巳克府城丙辰德軍潰於土橋六月築忠義塚於瓜洲自五月至於八月大旱運河水竭蝗　七年九月江甯布政使楊能格淮揚兵備道郭沛霖督辦東路團練轄仙女廟杭家集雷家橋三茅庵沙頭等處　十一月己丑收瓜洲城江南軍同日收鎮江府城　八年　月翁詹事擢安徽巡

撫奉

旨以提督鞠殿華幫辦江北軍務八月壬戌安徽賊犯

浦口德大臣軍潰淮揚兵備道郭沛霖請援於江南軍

九月乙亥府城陷府同知周成璋泰州州同周濬江都

典史王元熙皆死之丙戌夜江南軍提督張國樑渡江

來援丁亥克府城張提督以縣丞馬海曙守城　九年

七月

欽差大臣江南提督和春劾德大臣師久無功

朝廷罷德大臣江北軍務以和大臣兼轄和大臣派提

督李若珠駐府城西路是年省瓜洲巡檢其職事以府

經歷兼之未幾改歸萬壽司巡檢兼管又省縣丞亦歸萬壽司管理　十年五月李軍副將王萬青以水師入湖西禽叛將薛成良誅之成良卽薛老小以捻匪投誠改名者六月都察院左副都御史晏端書奏

旨授江北團練大臣淮徐揚海兵備道吳棠副之八月李提督以疾罷荆州將軍都興阿奉

旨督辦江北軍務營於五臺山以英字選鋒營分立犄角是年省淮揚兵備道歸徐海道兼轄改徐海道曰淮徐揚海道省江運同知揚河通判其職事歸揚州淸軍總捕同知管理亦統於淮徐揚海道省揚河守備江防

守備省甘泉汛把總以江防汛把總兼轄　十一年都
軍殺安徽軍李世忠所部豫勝營勇丁
同治元年漕運總督吳棠以揚州府城距淮徐揚海道
治所遼遠奏請以揚州府屬政務暫歸兩淮鹽運使勘
轉　二年修石洋涇橋　三年建知府世公祠建昭忠
祠建廣陵驛都將軍視師陝甘奉
旨以江甯將軍富明阿爲
欽差大臣督辦江北軍務　四年二月兩江總督曾國
藩奏請仍設淮揚河務兵備道以揚州清軍總捕同知
還隸淮揚道五月設瓜洲巡檢爲差缺如舊制富大臣

軍凱撤江蘇候補道吳毓蘭總統揚防營於五臺山淮揚水師前營礮船初駐瓜洲以瓜洲鎮總兵吳家榜兼領營官事此裁存留防水師非經制額兵不隸淮揚鎮是年開瓜洲後河建新河橋修廣陵書院瓜洲建育嬰堂　五年河決清水潭署鹽運使程桓生立粥廠振災民一萬三千餘口立四城義學開瓜洲新河建鎮河橋　六年修縣學修城隍廟修萬福橋十二月丁亥防軍吳統領僉捻酋賴文光於瓦窯鋪斬於市文光故粵賊渠魁金田倡亂即與其列擾亂皖鄂陝豫諸省三年江甯克復文光潛遁至山東乃合捻黨南竄至是始伏誅　七年六月兩江總督曾國藩江蘇巡撫丁日昌申明律例嚴禁民間自盡圖賴

下縣勒石七月設長江水師瓜洲鎮總兵官是年廣東題補道段喆以勳軍五營接統揚防建安定書院梅花書院立貞堂建救生局於瓜洲大口　八年正月江蘇巡撫丁日昌頒相驗命案書差夫役飯食雜款章程其經費由各廳州縣捐廉給發永禁科派民間下縣勒石四月建育嬰堂九月江蘇巡撫丁日昌奏改蕩洲五年丈量爲十年丈量永遠革除丈費名目下縣勒石是年立書局裁勳軍五營爲三營修瓜洲江神廟　九年四月勳軍三營調赴湖北提督朱淮森副將周漢英以督標新兵中左兩營接統揚防四月新中營調回省標七

月提督吳長慶以慶軍前中副營接統揚防新左營調

回省標建瓜洲鎭總兵游擊署建縣署修石洋涇橋

十年八月兩江總督曾國藩閱兵建龍王廟奉

旨加仙女封號添設三江營千總　十一年立瓜洲義

渡局　十二年建鹽宗廟建兩淮鹽政曾文正公祠建

三江營守備署修董家溝橋總兵程廷傑以督標親兵

護軍營協統揚防慶軍留防如故　十三年慶軍中前

副營移駐浦口以慶軍後營小隊換統揚防

光緒元年祀廣東高廉道前江都知縣許道身於名宦

祠立霍家橋義渡局　二年祀荆州將軍都興阿於名

宦祠知縣胡裕燕以自封投櫃法徵地蘆各稅　三年
八月知縣胡裕燕於應徵錢糧帶徵積穀錢以備荒政
築仙女廟緯路立盟義倉　五年濬市河修街道建高
橋閘二道溝閘濬宜陵玉帶河孔家涵便河建瓜洲營
守備署義濟倉　六年四月修霍家橋五月甲申大風
晝晦拔木發屋壞鎮淮門挹江門城堞江蘇巡撫吳元
炳奏請撫卹災民修城六月立三江營大港義渡局十
月慶軍調赴山東總兵陶崇文譚學友以鳳字左右營
接統揚防十一月修萬福石洋涇董家溝三橋修三閘
七閘立因利局　七年鳳軍調赴徐州參將彭怡然以

合字右營接統揚防建

萬壽宫丈洲田濟市河修城建社稷三壇建城外接官

廳

江都續志卷二

（清）徐成敟等修　（清）陳浩恩等纂

【光緒】增修甘泉縣志

清光緒十二年（1886）刻本

祥異附

漢景帝五年五月江都大暴風從西方來壞城十二丈

史記本紀

明帝永平八年十月壬寅晦日有食之旣在斗十一度斗吳也廣陵於天文屬吳後二年廣陵王荆坐謀反自殺 後漢五行志

永平九年正月戊申客星出牽牛長八尺歷建星至房南滅見至五十日牽牛主吳越後廣陵王荆謀逆事覺自殺 後漢天文志

順帝永和二年五月戊申太白晝見八月庚子熒惑犯南斗斗爲吳明年五月江賊蔡伯流等數百人攻廣陵燒城郭殺都長 同上

魏文帝黄初六年十月乙未有星孛於少微歷軒轅占爲兵喪除舊布新之象時帝軍廣陵明年五月崩晉書天文志

晉武帝咸寧元年五月廣陵大風壞千餘家折樹木同上

懷帝永嘉六年七月熒惑歲星太白聚牛女之間徘徊進退案占曰牛女揚州分是後兩都傾覆而元帝中興揚土同上

孝武太元十三年四月廣陵高年閈蔦家雌雞生無右翅同上

按舊志作十二年誤

續志考正宋書作高平當是村里之名

安帝隆安五年正月太白晝見自去年十二月在斗晝見至於是月乙卯案占災在吳越其年孫恩遣別將攻廣陵殺三千餘人同上

義熙五年九月己丑廣陵雨雹宋書五行志

魏高宗太安三年十一月熒惑犯房鈎鈐星是謂强臣不御王者憂之至四年正月日入太微犯西蕃三月又犯五諸侯占曰諸侯大臣有謀反伏誅者是月太白犯房月入南斗皆宋分占曰國有變臣爲亂十一月長星出於奎色白虵形有尾蹟旣滅變爲白雲奎爲徐方又

魯分也占曰下有流血積骨明年宋兗州刺史竟陵王誕據廣陵作亂宋主親戎自夏涉秋無日不戰及城陷悉屠之 魏書天象志

宋文帝元嘉十七年四月丁丑甘露降廣陵永福里梁昌季家南兗州刺史江夏王義恭以聞 宋書符瑞志

張仲舒爲司空居廣陵城北以元嘉十七年七月中晨夕閒輙見門側有赤氣赫然後空中忽雨絳羅於其庭廣七八分長五六寸皆以箋紙繫之紙廣長亦與羅等紛紛甚駃仲舒惡而焚之猶自數生府州多相傳示張經宿暴疾而死 劉敬叔異苑

元嘉十八年六月甘露降廣陵孟玉秀家樹南兖州刺史臨川王義慶以聞宋書符瑞志

元嘉十九年二十年南兖州旱宋書五行志

元嘉二十一年白燕見廣陵南兖州刺史廣陵王誕以獻宋書符瑞志

元嘉二十五年廣陵有龍自湖水中升天百姓皆見同上

元嘉二十五年八月壬子白燕見廣陵城南南兖州刺史徐湛之以聞同上

元嘉二十八年七月戊戌嘉禾生廣陵邵伯埭兖州刺史王義恭以聞同上

續志考正江夏王義恭脫江夏二字似以王屬姓

矣

元嘉中臨川王義慶在廣陵有疾白虹貫城野麕入府

南史本傳

孝建三年六月癸巳白麞見廣陵南兗州以獻冊府元龜

孝武帝大明三年三月辛卯白鹿見廣陵新市太守柳

光宗以聞同上

大明三年遣沈慶之討廣陵王誕五月十九日夜有流

星長十餘丈從西北來墜城內七月二日城破死者數

千人初誕鎮廣陵將入城衝風暴起揚塵晝晦又當中

夜閑坐有赤光照室見者莫不駭愕大明二年發人築廣陵城誕循行有人於輿揚聲大駡曰大兵尋至何以辛苦百姓誕使執之問本末答曰姓夷名孫家在海陵天公與道佛先議欲燒除此間人道佛苦諫强得至今大禍將至何不立六慎門誕問六慎門云何答曰古有言禍不過六慎門誕以其言狂悖殺之又五音士忽狂稱見鬼驚怖啼哭曰外軍圍城城上張白布帆誕執録二十餘日城陷之日雲霧晦暝白虹臨北門亘入城內南史本傳

大明三年六月月入南斗占曰大臣大將軍誅南兖州

刺史竟陵王誕尋據廣陵反遣沈慶之領羽林勁兵攻戰及屠城城內男女道俗梟斬靡遺將軍宗越偏用虐刑先刳腸抉眼或笞面鞭腹苦酒灌創然後方加以刀鋸大兵之應也宋書天文志

大明四年五月辛巳白雀見廣陵侍中顏師伯以獻宋書符瑞志

明帝泰始元年二月丙寅揚州淮水清潔有異於常州治中從事張緒以聞冊府元龜

南齊武帝永明中南海王子罕為南兗州刺史有麏入廣陵城投井而死又有象至廣陵是後刺史安陸王子

敬于鎮被害南齊五行志

北齊天保中李術鎮廣陵獲傳國璽送鄴文宣舊志作文襄誤以璽告於太廟北齊書本傳

此條舊入雜志按册府元龜所載如靈邱曲阿樂安鄴城新城上谷雍州長安鉅鹿所獻玉璽俱列祥瑞則此條未應略而不書也

陳大建十一年春正月丁酉龍見於南兗州永寧樓側池中陳書本紀

隋煬帝大業十一年幸江都作五言詩曰求歸不得去眞成遭箇春鳥聲爭勸酒梅花笑殺人帝以三月被弑

即遭春之應也文獻通考

煬帝令江都郡丞王世充發淮南兵擊劉元進有大流星墜於江都未及地而南逝磨拂竹木皆有聲至吳郡而落於地元進惡之令掘地入二丈得一石徑丈餘後數日失石所在太平御覽

齊王暕從幸江都具法服將朝無故有血從裳中而下又坐齋中見羣鼠數十至前而死視皆無頭暕意甚惡之俄而化及作亂暕及二子遇害隋書

大業十三年五月辛亥大流星如甕墜於江都占曰其下有大兵戰流血破軍殺將六月有星孛於太微五帝

座色黃赤長三四尺數日而滅占曰有亡國有殺君明年三月宇文化及等殺帝也十一月辛酉熒惑犯太微日光四散如流血占曰賊入宮主以急兵見伐又曰臣逆君明年三月化及等殺帝諸王及幸臣并被戮 隋書

義寧元年帝在江都宮龍廄馬無故而死旬日至數百匹 同上

按舊志作二年誤

唐高祖武德七年河間王孝恭征輔公祏於淮揚宴羣帥於舟中孝恭以金盌酌江水將飲化爲血孝恭曰盌中之血公祏授首之兆 集異志

太宗貞觀九年十二月揚州獻白雀冊府元龜

武后垂拱元年九月丁卯揚州地生毛唐書武后紀

睿宗唐隆元年六月丙午揚州上吉慶雲白雉見冊府元龜

明皇開元三年有熊晝入揚州城唐書五行志

開元七年揚州奏一角獸見同上

開元九年七月丙辰揚州暴風雨發屋拔木同上

開元十九年四月揚州奏穭稻生二百一十五頃再熟稻一千八百頃其稻與常稻無異文獻通考

開元二十一年十月戊申揚州奏獲毛龜其色青冊府元龜

天寶十載八月乙卯廣陵海溢唐書元宗紀

天寶十載廣陵大風 唐書五行志

按舊志下有鴐海潮云云未見唐書

肅宗上元二年有鼉聚於揚州城門上節度使鄧景山以問族弟珽珽對曰鼉介物兵象也 同上

代宗永泰八年十月庚戌揚州上言芝草生 冊府元龜

貞元七年揚州旱 唐書五行志

元和七年揚州旱 同上

太和八年三月揚州火燔民舍千區十月揚州市火燔民舍數千區 同上

開成元年六月揚州呂明齊家馬生角長一寸三分 同上

開成二年夏旱揚州運河竭同上

開成四年十二月丁丑晦揚州市火燔民舍數千家同上

光啟二年揚州雨魚同上
按新志作二年

光啟二年四月有白氣頭黑如髮自東南入於揚州城同上

光啟二年淮南蝗自西來行而不飛浮水緣城入揚州府署竹樹幢節一夕如翦繙幟畫像皆嚙去其首撲不能止旬日自相食盡同上
按新志作元年

光啟二年九月有大星隕於揚州府署延和閣前如雷

光燄燭地同上

光啟三年揚州大饑斗米萬錢同上

吳王稱號淮海時廣陵殷盛士庶駢闐忽一夕有黃冠道人狀如疾狂持一竿上挂一木刻爲鯉魚形自云鍾離人也行歌於市曰盟津鯉魚肉無骨濠梁鯉魚金刻鱗盟津鯉魚死欲盡濠梁鯉魚如爲人又云橫排三十六條鱗箇箇圓如紫磨金爲甚竿頭挑着走世間難遇識魚人其他如此意者凡數十篇時人莫能曉歲餘忽不知所之其後武義年中江南謠言有東海鯉魚飛上

天之語及烈祖受命復姓李氏立唐社稷其言乃驗 釣磯立談

南唐昇元元年十二月己卯朔日有虹二 馮令南唐書

昇元二年三月壬子日有白虹二壬申大星流於西方 同上

昇元六年春正月甲子月犯填星退行在畢都下大水秦淮溢東都火焚數千家 陸游南唐書

六月庚午大蝗自淮水蔽天而來辛未命州縣捕蝗瘞之 同上

保大十一年六月不雨井泉竭涸淮流可涉 同上

保大十五年十二月東都大火一日數發同上

按馬令南唐書徐知誥以天祚三年十月受吳禪改元昇元以廣陵爲東都右六條俱屬廣陵者舊志並缺

徐溫子知訓在廣陵作紅漆柄骨朶選牙隊百餘人執以前導謂之朱蒜天祐末廣陵人競服短袴謂之不及秋後十三年六月知訓爲朱瑾所殺焉則朱蒜不及秋之應也青箱雜記

壬子癸丑間有狂人遍揚市詬駡士人曰待顯德三年總殺之又曰不得韓白二人殺之無噍類俄而周改元

顯德三年遂入淮南時韓侍衛令坤白太師重遇並爲

戎師帥將屠城而二公戢兵揚人得過江而南者尤衆

悉如狂人之言五國故事

周師未南征時淮南市井小兒普唱曰檀來也人頗怪

之及揚建春門有龍而俗謂之檀出於水次衆以爲應

矣未幾周軍入先鋒騎兵皆唱蕃歌其首句曰檀來也

方明其兆同上

宋太祖乾德二年五月揚州暴風壞軍營舍凡百區三

年六月揚州暴風壞軍營舍及城上敵棚宋史五行志

高宗建炎二年十一月高宗在揚州郊祀後數日有狂

人具衣冠執香爐擕絳囊拜於行宮門外自言天遣我爲官家兒書於囊紙刻於右臂皆是語鞫之不得姓名

高宗以其狂釋不問明年二月金人犯維揚同上

李應山開淮閫於維揚一日午後忽見天裂其中軍馬旗幟無數始焉皆紅旗繼而皆黑旗凡茶頃乃合見者甚多次年北軍至浩然齋視聽抄

宋錢功云余自少愛維揚欲卜居自兗守罷遂築室於揚亦既五年忽春深巢燕不歸竟以疑之默訪諸寺觀州宅皆不至不二年一城邱墟矣澹山雜識

建炎三年高宗在揚州二月辛亥早朝有禽翠羽飛鳴

行殿三匝一再止於宰臣汪伯彥朝冠冠尊服飛鳥踐之不祥翠羽又青祥也劉向以爲野鳥入宮宮室將空一日敗亡之應是月金人入揚州有倉卒渡江之變宋史天文志

紹興二年五月揚州旱三年揚州大旱宋書五行志

孝宗淳熙二年揚州饑同上

淳熙三年揚州旱同上

淳熙八年正月揚州火宋史本紀

淳熙九年七月淮甸大蝗眞揚泰州窖撲蝗五千斛宋史五行志

淳熙十六年三月揚州桑生瓜櫻桃生茄此草木爲妖也同上

光宗紹熙三年揚州旱饑同上

紹熙五年八月揚州獻白兎侍御史章穎劾守臣錢之望以孽爲瑞占曰國有憂白嬰祥也是歲光宗崩同上

寧宗慶元六年揚州乏食同上

理宗紹定四年江都縣北招賢鄉有鳳凰來儀因名其地爲鳳凰林舊志

度宗咸淳九年十一月辛卯黎明有虎入於揚州市毛色微黑都撥發官曹安國發良家子弟數十人射之制

置使李庭芝占曰千日之內殺一大將於是鬻其肉於城外而厭之宋史五行志

恭帝德祐元年五月壬申揚州禁軍民毋得畜犬城中殺犬數萬輸皮納官同上

德祐二年正月揚州饑三月揚州穀價騰踴民相食同上

元世祖中統元年夏四月維揚火人屋燔盡郝文忠陵川文集鎮蘇亭記

續志考正中統元年爲宋理宗景定元年宋紀是年揚州大火今列之于元年代失次時揚正屬宋未合舍正史而徵集部也

至元十八年二月揚州火發米七百八十三石賑被災之家元史本紀

至元二十二年六月揚州進芝草同上

至元二十九年六月揚州大水元史五行志

成宗大德三年七月揚州淮安蝗在地者爲鶖啄食飛者以翅擊死乃禁捕鶖續文獻通考

大德五年八月江都縣蝗同上

大德八年九月揚州饑元史五行志

大德十年十一月揚州饑同上

仁宗延祐六年四月揚州火燔官民廬舍一萬三千三

百餘區同上

英宗至治元年七月江都縣蝗同上

至治二年四月揚州火同上

至治三年十月揚州江都縣火元史本紀

五年九月揚州江都火燔四百七十餘家元史五行志

文宗天歷三年五月汴梁河水溢江都續文獻通考

順帝至正壬辰江淮蘆荻多爲旗鎗人馬之狀飭間折開有紅暈成天下太平四字草木子

至正丙午丁酉間揚州兵火之餘城中屋址遍生白菜大者重十五觔小者八九觔有膂力人所負纔四五顆

耳續文獻通考

明太祖洪武己酉夏四月揚州獻瑞麥二申野錄

洪武六年揚州饑明史稿五行志

永樂十七年二月揚州地震同上

正統二年揚州府四五月連雨河淮泛漲漂居民禾稼同上

景泰五年六月揚州大風雨七月揚州大水同上

景泰七年六月揚州大旱蝗同上

天順間揚州有民婦一產五男至成化間以爭財訟於巡撫申公與而遣之續文獻通考

天順七年五月淮揚大雨腐二麥明史稿五行志

成化三年丁亥四月黑眚起自揚州已到蘇州計秋及杭州也一路人情洶洶間有遭之傷而無血止流黃水家家夜睡擊鉦鼓驅逐揚州等處奸惡者遂乘時丹青塗面披毛衣十指冒鐵爪嚇居人走避上樓竊貨物僞號聞見小史

成化十二年八月淮揚大水明史稿五行志

成化十九年揚州饑同上

宏治四年夏揚州蝗同上

宏治十二年八月揚州地震同上

宏治十七年淮揚饑人相食同上

正德九年淮揚旱

正德十年揚州大雨彌月漂室廬人畜無算是年淮揚饑十四年淮揚復饑十五年淮揚旱同上

正德戊寅冬武宗幸揚州立春日滿城桃李盛開從官奏瑞者不一西樵野記

嘉靖元年揚州大風雨雹河水泛漲溺死人畜無算明史稿五行志

嘉靖二年七月揚州大水同上

嘉靖八年淮揚饑同上

嘉靖三十三年揚州旱同上

萬歷三年八月揚州大水同上

萬歷十八年庚寅八月揚州大旱下河菱葑之田赤地如焚有黑鼠無算嚙蘆葑田食根至盡葑土墳起一經野燒悉成灰土比之牛耕其功百倍時謂之鼠耕二申野錄

萬歷十九年十月揚州風雨連日湖淮漲溢決邵伯隄五十餘丈明史稿五行志

萬歷三十三年八月揚州天鳴如潮怒起者六日同上

萬歷四十四年七月揚州蝗是月淮揚諸郡土鼠千萬成羣夜啣尾渡江絡繹不絕幾一日方止同上

天啟癸亥二月揚州地震有聲 一中野錄

崇禎六年淮揚洊饑 明史稿五行志

國朝

世祖皇帝順治十一年夏五月有龍現空中雲成五色光華照耀識者以爲太平之瑞

聖祖皇帝康熙十九年江都縣四郊麥秀兩岐有多至三四穗者自是連歲豐稔

三十八年六月河決邵伯河臣郎時措墾民得安居

四十六年

聖祖南巡揚城居民錢氏堂前黄楊樹枝生連理至今菀茂

皇上乾隆二年十二月初六日瓊花觀新建文昌殿上樑之頃桂花香徹觀內外經卯辰二時不散太守高公載入祠記

三年六月甘泉山居民蔣國泰妻蘇氏一產三男齊生題請

恩賚

以上原志

前志采錄本之歷代五行志者爲多董江都條對災異或滋附會今特紀其大者其于日星雲物之變一草木之微悉從略焉

乾隆七年水
二十年水
二十四年水二十五年水二十六年水
三十三年旱
三十九年旱四十年旱
四十三年旱
五十年大旱
嘉慶九年十年十一年水荷花塘口決
十三年水荷花塘又決
謹按我

國家湛恩汪濊每遇水旱偏災蠲貸賑恤有加無已今甘泉黎庶共沐
深仁而得長養以無窮者皆
朝廷之賜也故系年列敘其銀米輕重多少之差因時遞別不復瑣述
以上續志
道光二十九年秋大水江湖並溢
咸豐六年五月至八月大旱運河水竭
十年秋大水小六堡漫口
同治五年秋湖水盛漲決清水潭

十一年夏大水
十二年秋大水
十三年夏大水以上府續志
光緒六年夏秋大旱西鄉尤甚邑令桂正華詳停六集之徵接濟口糧散給籽種收當耕牛
以上新增

【嘉慶】儀徵縣續志

（清）顔希源、邵光鈐纂修

清稿本

儀徵縣續志卷六

祥祲志

康熙三十四年舊港火焚盐艘十数隻漂溺者衆

六十年饑

雍正元年大水四月十九日暴風損江舟甚多五月二十五日暴風發屋拔木壞江中盐艘民舟

乾隆四年江潮生鼠千百成羣嚙蘆根殆盡後啣尾渡江去是年歲大熟

六年秋六月大風雨江河水溢

八年冬大雪簷凍長至数尺歲豐

九年十二月雷

十三年四月初九日暴風雨雹拔木損舟

二十一年歲饑知縣戴秉瑛倡捐賑粥春夏大疫冬十月五日未時四郭外火發大風延燒入城復出南關外緣蘆葦吹火及江洲民舍近一萬四千餘家傷人甚多通衢隘巷丸礫盈積

知縣戴秉瑛捐賑題名榜記云乾隆十九年余來治儀甫莅事即延紳士而詢民之疾苦僉曰江淮之俗好侈靡寡蓋藏民之登耗視歲之豐歉如影響焉余切憂之明年秋東南大祲儀邑雖勘不成災而收穫甚薄且估船罕至市米翔貴閭巷汹汹而高寶興泰之流亡而至者踵相接飢不能忍則攫米於市土著之人莫敢誰何而所請　䘏項備煮賑者又旦夕未克至乃謀諸紳士勸捐輸以拯急一日之內得銀若干兩米若干石柴若干束缶甕釜勺之需用者畢至於是分廠為二一在城東寶坊寺為東廠一在城西法雲寺為西廠廠之地狹則置蓆棚以益

之人給一籌無缺無濫男女異伍老弱廢疾而後衆人共啜焉未嘗有擁濟而踐踏者公輸以賑者彌月而乃得延其殘喘候帑項之至繼又共捐米若干石平糶一廠在天寧寺一廠在資福寺旣甦之民二𣫘充給闔户不得以操奇贏市價遂減吾因此而嘆儀民之俗厚可與爲善也爰始終其事而紀之而書輸捐者之名於末使後之人有考焉董其事而使無漏卮得盡善者則予表弟富甶介偉者其勞不可没因并紀之乾隆二十一年春三月立榜於寶坊寺

二十五年秋大熟

二十八年十月八日夜雷雨十二月大雪堅冰竹樹多凍死

二十九年三月二十八日地震屋宇皆動秋大水

三十一年五月雨大溢傷苗六月雷雨竟月十二月九日風沙幾

民廬舍二十三日城南玉虛閣災延及民廬時有星如爪光芒四射

三十三年八月三日連雨三晝夜江河水漲濱江田廬淹沒官勘成災賑米免民田租之半

三十五年夏旱井泉涸山民購水維艱知縣周林禱雨有應

三十六年十二月十七日北城樓災十九日沙漫洲火焚鹽艘六十餘隻客商舟楫無算傷人極多自康熙中舊港火災後故鹽舟移泊於此

三十九年二月二日大風霾赤沙障天日未時方解六月至八月始雨飛蝗入境傷禾稼歲饑民多餓莩

四十年夏旱蝗山塘竭

四十六年十二月十二日丑時大雷雨

四十八年夏疫八月十七日江廣鹽舟火延及民舍七月隕霜
四十九年十月五日夜雷雨大作
五十年夏旱九月晦日雪寒甚秋冬饑石米銀五兩至次年麥有
秋穀價始平監掣同知陳洪緒倡捐米賑粥
五十一年夏大疫
五十三年七月江潮泛溢渰沒濱江田舍冬至前一日大風壞糧
艘民船於江
五十四年十二月二十七日夜雷雨
五十五年五月十四日申時大風暴雨風起城西壞樓櫓官廨學
舍坊表墻垣屋宇樹木皆易故處
五十七年十二月大雷雨
六十年五月十七日晝夜雨橫冶山蛟水發

論曰善言天者必有驗於人術者祖京房占驗之學既涉渺茫人多附會陸志紀祥眚不言徵應厥見偉矣而分類猶不免襲五行相沴之說今特就水旱疫癘拾然共見者按年書之蓋以人事補救爲重而不沾沾於氣數之說也若夫日食星變非關一邑之休咎而一草之異一木之奇又妖祥之不足道者已

【道光】重修儀徵縣志

（清）王檢心修　（清）劉文淇、張安保纂

清光緒十六年（1890）刻本

雜類志

祥異

晉武帝咸甯四年秋七月揚郡大水傷稼

隋開皇二年春淮南地震

按中湖等志所稱淮南江淮揚郡皆不專指儀徵以相沿既久姑存其舊其新增所引明言揚子永貞眞州者方行載入餘不濫載

五年秋霖雨暴水傷稼

憲宗元和二年五年六年八年皆大水

懷帝永嘉二年夏大旱江竭

元帝大興二年夏五月蝗食麥禾

安帝元興二年春江夜鳴漲漂沒居人

宋文帝元嘉十二年夏六月大水遣南兗穀以賑之按湖志載宋武帝微時事今移入紀聞

梁武帝普通元年秋七月江溢

陳文帝湖志作元帝太建十四年秋江水赤如血洪範五行傳曰火沴水也法嚴刑酷傷水性也五行變節陰陽相干氣色繆亂皆敗亂之象也京房易占水化爲血兵且起以上十條隆志未載

隋煬帝大業十二年冬有石自江浮入揚子通志津字行時日光四散如流血帝方幸江都深惡之

唐太宗貞觀八年秋七月江淮大水是後歲旱江淮節度使張延賞奏遣流民就食外境（按太宗時無張延賞亦未設節度使此誤）

元宗開元元年（陸志作九年）秋七月暴風雨發屋拔木（按此與府志新唐書五行志皆作元年）

十四年秋大風自東北海濤沒瓜步

德宗建中三年秋江淮訛言有毛人食人心人情大恐

貞元二年六月江溢

六年大旱井泉竭人暍死疫疾興

八年江淮大水害稼人溺死漂沒城郭廬舍

宣宗大中九年秋旱饑民多流亡上遣使巡撫淮南減上供

饑運獨通私節度使杜悰荒於游宴上聞罷悰以借勉代陸志作崔鉉代

僖宗光啓二年蝗冬十一月陰晦雨雪至明年二月不解

五代周世宗顯德六年淮南饑世宗命以米貸之或曰民貧恐不能償世宗曰民吾赤子也安有子倒懸而父不爲之解哉安責其必償也

宋太祖建隆元年眞州有龍異初宋主從周世宗征淮南戰於江亭有龍自水中向宋主奮躍識者以爲出潛之兆

三年饑戶部郎中沈義倫言饑民多死郡中軍儲向餘萬斛倘以貸民至秋收新粟公私俱利有司阻之曰若來年不稔

孰任其咎義倫曰國家以廩粟濟民自致豐熟何憂水旱帝從之遣使賑貸

太宗太平興國五年水潦民饑

九年揚子縣民產異男毛被體半寸餘而長頂高烏肩眉毛鬣鬈近髮際有毛兩道軟長眉紫脣紅耳厚鼻大府志類西域僧至三歲遣闕以獻按府志注是年已改雍熙當作雍熙元年陸志作開寶九年

雍熙二年冬十二月江水冰

淳化三年陸志十二月建安軍按宋乾德二年陞迎鑾鎮爲建安軍城西火燔民舍官廨舍殆盡

眞宗景德元年饑

二年復饑詔江淮發運司歲留上供米五千石以備賑濟

大中祥符六年秋七月江水溢壞官私廬舍

仁宗天聖二年大水漂溺民居揚子尉胡宿曰拯溺吾職也率公私舟以濟活數千人胡志作數十人

六年江水溢壞官私廬舍通志作七月壬子

慶歷四年春旱遣內侍詣淮南祠廟祈雨

神宗元豐四年秋七月大風潮飄蕩沿江廬舍損田稼

徽宗宣和陸志誤作重和元年夏大水民流移漂溺者衆遣使賑之發運使任諒陸志作任宗諒坐不奏屬地災勒停

高宗建炎陸志作紹興三十二年夏蝗秋八月乏食令發米以賑

孝宗淳熙二年旱竝蝗民饑詔賑以常平米弛賦逋商

九年陸志有秋字淮南大蝗眞揚泰州窖撲五千餘斛令所在捕除

十年陸志有夏字旱蝗麕蝗遺育害稼是時蝗在地者爲禿鶖所食飛者以翼擊死詔禁捕鶖

光宗紹熙四年秋七月陸志作紹興四年漕廨東池及東園並產瑞蓮

寧宗嘉定元年產芝之州民來獻道堂成州守潘友文因名其堂曰瑞芝

二年春大饑斗米錢數千人食草木剝道殣食陸志殣則詔發椿尚

發廩賑施粥糜以活之

理宗景定五年自春二月不雨至於夏六月

度宗咸淳元年春二月大火二日火二十五日丑刻火午刻復火一月三火官民居蕩焚獨遺客館及泗塗州治

恭帝德祐二年（隆志有眞州二字）眞樵人破樹有字曰天下趙（文天祥詩序予至眞苗守再成為予言近有樵人破一樹樹中有生成三字曰天下趙函取木視之果然木一丈二尺圍其字青而深半樹解揚州半樹留眞州三字瞭然不可磨也眞州號迎鑾藝祖發迹於此豈非在天之靈所為乎　隆志並引詩云皇王善姓復炎圖此是中興受命符獨向迎鑾呈瑞字為言藝祖有靈無）

元世祖至元五年（隆志作大德五年）秋七月朔日晦暴風雨霆江水大溢（隆志有高四五丈句）沿江之地漂没廬舍被災者數萬家

順帝至正初（府志作二年八月）揚子江一夕忽擁舟桴皆閣於塗中（府志作舟桴皆滯泥塗江底出錢貨無數蓋覆舟所沉者）有錢貨無數人爭取之潮至輒走潮退復然亦有走不及而淹死者如是累日識者曰此江嘯也（陸志嘯作笑）

十二年江淮蟲獲多爲旗幟人馬之狀（通志作人物狀節間析開有）紅蟲成天下太平四字（陸志作至元二十二年事）

明英宗正統二年大旱（陸志作三年）免田租半命戶部主事鄒來學賑之（胡志脫晴有也人候觀指麥一千四百石詔旌其門三句）

景帝景泰五年大水民饑免民田租

六年水免民田租是年江水泛漲（隨志遣官齎香帛祭文命巡撫都御史王竑祭江神）

七年（府志六月）大旱蝗免民田租

憲宗成化六年秋至七年春大旱迎河竭（陸志車馬往來成平地）

孝宗宏治十六年大旱

十七年大饑（府志作淮南饑人相食）時部使者呂夔作田家歎文作詩寄李侍御發賑民賴以全活者衆

武宗正德元年旱

三年旱

七年大火燔城下民居數百家先是有妖道人乞於塗孫氏厚施之至是火起人家牀下篋中咸有綿裹火煤發即滅之獨孫氏家無火發（陸志城下多草舍乃附燎延是時人多見飛鴉含火近火燁也　按府志作饑負火）

燔民居數百家人多見飛鴉銜火

十五年六月陸志雨雹陳志城市大如米黃山野有如鷄卵者

世宗嘉靖元年秋七月二十五日大風雨及夜江溢平陸水湧丈餘陸志作平地水湧數尺沿江廬舍漂沒死者無算山疇蕩然府志作七月揚州大風雹河水泛漲溺死人畜無算

二年陸志作二年旱春三月不雨至於夏六月運河井泉竭是年大饑遣戶部侍郎席書發粟賑之時升米百餘錢人相食水陸殍屍無算

三年春夏大疫民枕藉死者道塗相屬

四年夏大疫地動

五年夏五月有流火大如斗陸志自東北向南光若迅電然

七年秋七月霪雨大水害稼巡撫都御史唐龍奏請捐兑米

折馬價免夫役以䘏之

八年夏六月蝗積者厚尺餘陸志作厚數寸長數十里食草樹殆盡

數日飛渡江食蘆荻亦盡秋八月蝗復自北來陸志蝝飛蔽天積者

綿亙百里厚尺許翔集竹樹盡折陸志山行者衣履皆黃禾稼不登都御史唐龍奏請

發廩賑之

十一年自春正月不雨至於夏四月五月蝗秋南城下火燔

民居數十百家官民舟數十艘男女多焚死者陸志作天火大如斗墜於城南燔民居延及柴舟大風吹舟發火逃河兩岸燔數十百家

十二年冬天星散落如雨胡陸志府志通志均未載

十四年自夏五月不雨至於秋八月粟踊貴民饑

十五年夏四月蝻生縣令楊孫仲陸志作楊孫仲延誤諭民掘取其子每升償以斗米成蝻者穀半之積數百斛會連雨盡滅不傷稼

十六年三月八日地動自是月至夏六月恆雨害稼田疇盡没陸志作自正月至四月恆雨五月六月大霖雨田疇淹没

十七年春火陸志作數火燔民舍數百家陸志作千餘家

十八年十月雨木冰

二十一年秋七月朔日食晝晦星斗見太白出西北方八月

月蝕中天如井餘車輪十月大黑霧連日至未時不解烝腥

臭三十步外不能見人

二十七年七月雨木冰

二十八年三月朔日有食之

三十二年正月朔日有食之十月朔日有食之

三十三年四月彗星見出北斗口尾長亙天五日而滅

三十五年春三月彗星見河水變黑臭

四十四年正月雷電（陸志作雷雪）交作雨木冰

四十五年四月大雷電雨雹

以上市志

明世宗嘉靖十三年春鄧氏宅產芝一本三芭冬民婁一產三男

穆宗隆慶三年冬大雪府志作冰長丈餘

神宗萬歷七年大風拔樹木江水泛溢十一月大風瀟壞官民舟千餘艘

十三年十月地震

十七年大旱府志作十二年

十八年旱蝗斗米百五十錢按斗字疑誤

二十一年城內大火縣令許一誠作鄰火星廟以禳之

二十二年大水

二十三年大饑民掘草根食死者甚多新安吳一瀾捐米倡賑陸志未載

二十四年江河泛溢田廬多没

二十六年夏四月五月大雨水無麥

三十年三月大雪深尺許桃李花多凍死

三十五年五月大旱秧皆枯槁縣令張獻青衣帽卻蓋步禱

三十六年大水市可行舟平陸皆潦相傳從古未有陸志未載

四十年春大水平地數尺用廬圩岸皆没民間哄傳海嘯陸志作潦没廬舍害田稼

熹宗天啟七年十二月夜雨雷電陸志作夜雨雷電夜如白晝陸志作夜大雪

愍宗崇禎元年秋七月地震房屋動搖有聲

二年夏旱

三年夏冰雹

五年正月大風霾

七年夏江水暴溢溺死老幼無算

九年正月雷

十年正月雷夏大旱

十一年春大水夏旱井泉竭秋蝗地坼西門外地裂數丈闊數尺民居皆陷訛傳羊毛痧疾陸志作七月人染羊毛痧訛言挑人筋膜小民惶懼多演神戲禳之偏于城野陸志

十二年春西郊雨黑子如豆五月朔隕紅砂二麥皆壞

十三年大旱饑西方紅氣亙天至冬不變人多餓死

十四年大旱饑瘟疫大作斗米銀四錢蜀岡有白土饑民掘取食之名觀音粉救死者甚衆

十七年四月有黑氣其長竟天自北而南　五月兵亂大肆焚掠居民星散

國朝順治七年有虎至自東郊傷居民數人守備吳德輿斃之

九年九月五日大風雷拔樹木損官民舟至多俗傳龍陣風　陳志府志通志均未載

十六年虎至北郊守備將資以火器斃之　僕案無虎迸年再

垂傳爲異云二月至三月大霖雨道路皆深尺許

康熙二年秋九月大水城市皆渰居民漂散總督尚書郎廷

佐以兵船沿江拯救

三年冬十月日有食之星斗皆見是年大熟

四年正月日生斑黑氣中有光圓類日者相從而起秋七月

彗星見凡兩月始沒是年大熟上二條陸志未載

六年春夏久旱四野皆赤知縣胡崇倫祀禱浹日雨即沾足

秋八月蝗入境不傷稼十一月有四龍見於西南十二月大

雪連旬積至二尺許是年大熟按自三年至六年石米銀亦

錢石麥銀三錢時有穀賤傷農之議

以上胡志

康熙七年秋七月十九日夜地震陸志有聲如雷江河溢牆屋傾

十年夏瘟熱疫大作人多暴死旱蝗大饑

十六年春霖雨三晝夜田野没

十七年旱蝗大饑民掘石粉剝木皮以食縣院郝浴設廠賑粥米秋天甯寺浮圖災有虎至西郊傷人遊擊梁率兵斃之陸志以天甯寺塔火虎至西郊並爲十一年事

十九年大水秋長星見尾光亙天

二十五年秋大雷霖雨浹旬

二十六年夏大雷雹夜不絕聲秋大旱蝗

二十九年有秋冬大雪祁寒樹介
三十年春元旦樹介夏五月大風六月大風雨雹
秋疫知縣馬章玉鋼俸藥病者蝗入境不傷稼章玉躬至田
間酒食勸農是年大有秋陸志府志通志均未載
三十一年正月元旦樹介夏大熱蝻食草不傷稼羣烏爭食
之羽成皆飛入江大有秋夏大熱以下陸志府志通志均未載
以上續修潮志
唐武后大足元年七月地震
元宗天寶十載大風駕海潮沈江船數千艘
肅宗上元二年秋大饑

代宗大歷十年水災

德宗貞元三年三月大水按此事通志新唐書在五月府志舊唐書在十月

七年旱

順宗永貞元年秋旱

九年秋大水害稼

憲宗元和三年旱

四年夏大水害稼秋旱

七年夏旱秋大水害稼

穆宗長慶二年饑

五年夏蝗

敬宗寶曆元年秋旱

文宗大和八年夏旱

開成二年夏旱運河竭

三年螟蝗害稼

四年夏江溢大水害稼

五年夏螟蝗害稼

六年饑

九年蝗民饑

宣宗大中六年夏饑

懿宗咸通二年秋不雨至於明年六月

三年夏蝗

七年夏大水害稼

九年旱蝗

僖宗光啟三年大饑斗米萬錢

昭宗大順二年春大饑大疫

宋太祖乾德二年四月潮水害民田（通志四月下有廣陵揚子縣句）

太宗淳化五年民饑

眞宗咸平元年旱

大中祥符四年六月大水饑

五年饑

六年七月江水溢壞官民廬舍

七年饑

九年七月蝗

天禧元年二月蝗六月大風吹蝗入江或抱草木僵死

乾興元年水災

仁宗天聖四年九月雨水壞民廬舍

明道元年饑

二年饑

寶元四年春旱蝗

嘉祐六年七月淫雨爲災

神宗熙甯六年饑

七年自春至夏久旱九月復旱

八年八月旱饑

元豐八年大水

哲宗元祐八年水

徽宗崇甯元年夏蝗

大觀二年大旱自六月不雨至於十月

政和元年旱

宣和元年秋旱

五年饑

六年發運使開靖安河禱於神有異蛇見筵間鱗彩絢錯

高宗建炎二年夏蝗

紹興元年饑

二年夏旱

三年疫夏大旱

七年二月府志下有辛丑楚三字眞揚州火

十一年饑令通商移粟

二十七年大水

二十九年九月大風水爲災按府志引宋史五行志作二十八年此疑有誤

孝宗隆興二年七月霖雨壞田傷稼

五年夏秋旱

七年春旱

乾道三年八月霖雨禾粟多腐

淳熙三年五月積雨損禾麥

四年大疫

五年旱

七年饑

八年旱

十五年五月連雨大水

十六年五月霖

光宗紹熙二年夏旱

三年饑令出粟賑之

五年饑產白兔

甯宗慶元元年饑

六年乏食令守令賑之

開禧二年饑

三年水

十六年五月霖雨大水無麥禾

嘉定元年大疫大饑人食草木多流亡詔發廩賑糶勸

分

三年城市田野多產芝

六年芝食

八年四月蝗食禾苗草樹皆盡大旱饑

十一年旱無麥苗

十七年芝食令逼商勸分

理宗紹定四年水

度宗咸淳二年六月大雨雹

元世祖至元三年訛言朝廷欲括童男女於是鄉城競相嫁娶貧富長幼多不得其宜

十九年大水

二十九年夏大水

成宗元貞二年夏大水

大德二年夏蝗冬旱

三年饑

五年七月朔晝晦（通志無七月朔晝晦五字）暴風起東北雨雹兼發江大溢高四五丈沿江之地漂沒廬舍（府志作江潮泛溢東起通泰崇明西盡真州民被災）死者不可勝計（通志作崇明通泰真州之地漂沒被災者四千八百餘戶）

六年秋蝗

九年饑

十年饑

武宗至大元年秋旱蝗大饑人食草木
仁宗延祐元年府志作二年二月眞州揚子縣火
二年二月揚子縣火發米減價賑糶
英宗至治二年四月眞州火
三年饑賑之按府志引元史泰定帝紀有九月二字
文宗天歷二年饑
至順四年夏旱
順帝元統元年饑
至元二年旱
至正二十六年有灰色鼠伏地食禾

明景帝景泰五年正月大雪竹皆凍死按府志作五年五月竹木多凍死七月復

大雪冰

三尺

憲宗成化八年春大旱秋大雨漂舟溧溺

十六年八月黄氏井中火光高數丈

武宗正德三年旱

八年春三月月宫巷桂樹生花

世宗嘉靖元年饑

八年冬無雪

九年秋蝗十月雷十一月又雷

十年七月蝗

十一年三月大風雷雨雹

十三年冬民婁一產三男

十四年饑秋旱蝗

十五年六月數震電人及牛畜屢有斃者閏十二月震雷電大雨數日

十六年正月大雨雷電府志通志均未載有流火如斗南隕民田府志作十五年通志未載

五月有白龍見雲中通志未載

十七年春夏旱

十九年夏旱

二十九年十月雨木冰

三十五年大水廬舍漂沒命賑之
三十六年民間産白芝
穆宗隆慶三年五月劉指揮妻一產三女
熹宗天啟間男子衣紙衣五色崇禎末衣紙者尤多吏民更
為高帻頂圓大而踣號隨風倒
懷宗崇禎九年夏水
十二年正月雷
十五年正月朔大風天雨砂損二麥
國朝康熙初御史鄭爲光宅産芝
十六年秋大旱

十九年冬木冰

二十年元日木冰五月大風拔木按胡志作三十年此作二十年疑有一誤

二十三年四月隕霜府志未載

四十八年有野鳥千百成羣集城中林木爭鬬鳴噪達曙不止府志通志均未載羣鼠銜尾橫江南渡府志未載

五十一年十一月地震二十餘次府志未載

五十三年十二月夜霧木冰

五十四年虎至東門外守備張宏久斃之

五十五年旱詔免縣衛被災地畝稅銀十之三發穀一萬九千石賑之攝縣事都丞胡璉代災民輸糧七百石

五十六年冬縣丞衙火城外燔民居三百餘家通志作儀徵火災甚烈顏志府志未載

以上陸志

國朝康熙六十年饑

雍正元年四月初八日大風黄沙蔽天顏志府志通志均未載　十九日暴風壞江船無數五月二十五日暴風發屋拔木壞鹽艘民船於江五月飛蝗過境落新洲食蘆官吏捕之飛蝗事顏志府志通志均未載

以上李志

康熙三十四年舊港火焚鹽艘十數隻漂溺者甚衆

雍正元年大水

乾隆四年江湖生鼠千百成羣嚙蘆根殆盡後銜尾渡江去

是年歲大熟

六年夏六月大風雨江河水溢

八年冬大雪嚴凍長至數尺歲豐

九年十二月雷

十三年四月初九日暴風雨雹拔木損舟

二十一年歲饑知縣藏秉瑛倡捐賑粥春夏大疫冬十月五日未時四郭外火發大風延燒入城復出南關外緣蘆葦吹火及江洲民舍近一萬四千餘家傷人甚多通衢隘巷瓦礫

盈積知縣戴秉琰捐賑題名榜記云乾隆十九年余來治儀廩實盈藏民之登耗視歲之豐歉如影響焉余竊觀之明年秋東南大祲儀邑雖歉不成災而收穫甚薄且估船罕至市米翔貴閭巷洶洶而富實興泰之流亡而至者踵相接儀不能忍則糶米於市士紳之人莫敢誰何而所請 幫項備煮賑者又旦夕未克至乃謀諸紳士勸捐輸以拯急一日之內得銀若干兩米若干石柴若干束缸甕釜勺之需用者畢至於是分廠為二一在城東寶坊寺為東廠一在城西法雲寺為西廠廠之地狹則置蘆棚以益之人給一籌無缺無濫男女興伍老幼廢疾而後衆人共沾焉未嘗有擁擠而踐踏者公輸以賑者彌月而乃得延其殘喘候 幫項之至繼又共捐米若干石平糶一廠在天甯寺一廠在資福寺既甦之民二籌尤給闔戶不得以操奇贏市價遂減吾因此而歎儀民之俗尽可與為善也爰始終其事而紀之而書輸捐者之名於末使後之人有考焉董其事而使無濫厄得盡善者則予表弟富介偉者其勞不可沒因并紀之

乾隆二十一年春三月立榜於寶坊寺

二十五年秋大熟

二十八年十月八日夜雷雨十二月大雪堅冰竹樹多凍死
二十九年三月二十八日地震屋宇皆動秋大水
三十一年五月雨水大溢傷苗六月雷雨竟月十二月九日風沙發民廬舍二十三日城南玉虚閣災延及民廬時有星如瓜光芒四射
三十三年八月三日連雨三晝夜江河水漲濱江田廬渰没官勘成災賑米免民田租之半
三十五年夏旱井泉涸山民購水維艱知縣周林禱雨有應
三十六年十二月十七日北城樓災十九日沙漫洲火焚鹽艘六十餘隻客商舟楫無算傷人極多自康熙中葉港火災

後故鹽舟移泊於此

三十九年二月二日大風霾赤沙障天日未時方解六月至八月始雨飛蝗入境傷禾稼歲饑民多餓莩

四十年夏旱蝗山塘竭

四十六年十二月十二日丑時大雷雨

四十八年夏疫八月十七日江廣鹽舟火延及民舍七月隕霜

四十九年十月五日夜雷雨大作

五十年夏旱九月晦日雪寒甚秋冬饑石米銀五兩平次年麥有秋穀價始平監舉同知陳洪緒倡捐米賑粥

五十一年夏大疫

五十三年七月江潮泛溢淹没濱江田舍冬至前一日大風壞檣艘民船於江

五十四年十二月二十七日夜雷雨

五十五年五月十四日申時大風暴雨風起城西壞樓櫓官廨學舍坊表牆垣屋宇樹木皆易故處陳泰貢州所知記云是日申時大風西門城樓捲去不知所在儒學狀元橋石柱吹上柳樹挂在板閘東門外運河划船吹入城内落在豆腐店屋脊上將豆腐鍋掣破北門外池荷數十枝插入田泥中一絲不亂

五十七年十二月大雨雷

六十年五月七日晝夜雨橫冶山蛟水發

以上顏志

明成祖永樂九年六月揚州屬縣江漲四日漂人畜甚衆

英宗正統九年江潮漲溢高丈五六尺溺男女千餘人以上嘉慶府志　按揚境濱江者不止儀地以上二條由湖陸志皆不書或竟非儀徵事亦未可知今姑存之夫存之者亦所以闕疑也

神宗萬歷二十九年十一月初五夜初更天中有一紅物如𩶘魚頭大尾小約三尺長外有紅光未幾豐家巷失火燒去百餘家此物即散寄園寄所寄

國朝嘉慶十八年夏民婦魏氏一產三男

十九年春大雪尺餘夏大旱歲饑

二十二年冬十月邑諸生金樂琳家牡丹無葉而花

道光元年夏六月大風自西北來江上壞民船無數口門內泊大艦艘已下椗吹出大江不知所往秋大疫

三年五月望後江潮驟溢沿江田廬蕩盡九月水始退魚蝦甚夥人以爲糧嚴東有州牧知府邑人厲同勳大水行六月三日潮接天江水入河河入田農夫一片哭聲起可憐辛苦今盡捐上田下田深數尺水勢直與官河連老翁登床急少婦抱兒泣雞犬屋上啼馬牛冢邊立東家哀疾走鳴縣官萬竈炊煙忽無色縣官爲中文上達大府閱一日委員數十輩江南江北何紛紛勘災來小民喜官無言災已矣官來豈不卹民艱直陳恐失大府指嗚呼勘災災不成縣官在旁徒吞聲沿江一千里民恨不欲生送官徒且訴聽者誰爲情聞說今年仍索租流離之民胡爲乎民何辜天不可呼況復東鄰西走兒寒女饑之窮途叩嗟乎縣官不能亡吾民毋怨苦猶幸父母慈清伴我分汝則給餅尊給幾民之顛連或可補賢乎賢乎伍明府

九年正月朔立春七月旱高田禾豆傷不成災

十年冬連陰九十餘日

十一年四月二十六日大雨三晝夜江湖河漲漂流人舍無數船由東城門進街市成河柴價陡長石錢一千五百災民結黨搶掠知縣王用賓勉力捐賑民心稍定先是三月間童謠云有米莫煑粥有錢莫蓋屋兒女死了莫要哭謹防四月二十六延一月遂驗時升米五十錢觔麵四十錢捐賑緩不濟急先於邑廟等處設局市餅重四兩取四錢民賴以濟其法於頂日派各餅店領麵給以民價炭工照觔兩收數色不准分兩不足者罰使畧贍是月擱鹽場移於東門外劉和尚巷旁鄉試 奏改於九月舉行 八月壬寅地震九月城內外山鮮蟬魚蝦滿溝坎饑民資以市米十一月將撫發米麥豆平糶升米減斛二十六文買者不得過三升

十二年夏四月大疫五月尤甚死於道者見即掩瘞不報官

十三年大水秋八月二日大雨竟夜江溢圩埂盡壞成災明年春各圩加築孔埂橋木大貴圩中富戶皆空匱焉時巡撫林則徐以晚禾罹被水購早稻勸民領種農人狃於故習領者甚稀夏五月歲貢生汪蒔昌等於東南二水關外築壩捍潮

十六年秋蝗不傷稼八月桃樹花

十七年夏江潮漲溢城內民居半浸水中生員黃家幹移請於二水關口較前近十餘丈廣置水涵以時蓄洩

十八年夏大水冬十二月除夕戊亥之交大雷雨

十九年五月大雨五晝夜江溢米麥價陡長署縣吳廷獻示禁取行鋪牙人結價稍平無麥秋桃杏花九月六日亥刻地

震大雨傷禾冬十月江潮復漲

二十年春二月邑人張式垣家老柏自焚五月二十七日大雨一晝夜江溢河北圩山水至不得洩成災河南圩埂高不成災是年鄉試奏改九月舉行

二十一年正月至閏三月淫雨九十日無麥時圩田無麥乘十年饑民入城掠食知縣陳文杰撫之二月至閏三月大江神燈成隊入夜升高望之爍若列星五月二十二日大雨七晝夜江溢城內有壩水不得入東門月城水深二尺七月江潮高丈餘城外居民盜挖東南二水關壩積灌城內以洩之內外皆成澤國惟餘西北門內兩街不渰八月丁亥釋奠

先師以文廟在巨浸中載祭器於資福寺　聖像前行禮舟道達寺門領鹽義倉穀二萬石知縣陳文杰會同監掣同知陳延恩監放九月桃樹花九日大雨雷十一月大雪四晝夜深數尺寒甚經月不化十二月龍見西北

二十二年正月乙卯雨木冰七日至九日霜生逆角二月十二日辛卯雷電雨雹西北鄉人畜有[illegible]孽者三月南門外民家生女頭有角以為妖孽之是月民間傳言雞羽咸被翦隨在驗之兩翅截痕宛然七月土生毛有紅黄白數色長尺許燎之作毛臭時久旱禾槁知縣陳文杰暨監掣同知陳延恩虔禱三日不雨乃牒告城隍哀求

上帝翌日大雨霑足有秋

牒略曰道光二十一年自春徂秋若雨綿綿江水漲漫舉邑盡爲澤國餓殍載道此儀邑一大劫數也今年六月逆夷突逼孤城雖仗神力城池保全無恙而居民流離失所惟望年歲順成藉以休息生養少紓其氣乃驚魂未定繼以旱魃爲災一月之間禾苗叢槁下官無功德於民不能感召天和而赫赫明神受天子命同治斯民豈肯坐觀生民顛沛而絕不一垂憐卯

表略曰縣官有罪罰當及身小民何辜天應回怒旱一日得雨即多一分收割多一分收割即救無限生靈生死呼吸急迫陳情瀝淚俱下不知所云十一月二

十一月二十一日乙丑冬至亥刻大雷雨

二十三年夏四月隕霜殺物

二十四年冬十二月雷

二十五年夏六月丙申縣治大熒傾秋九月桃樹花冬十月園蔬連理是時穀石銀三錢米倍之小麥麵觔十五六文油觔七十文棉觔百六十文肉觔五十東鄉集鎮價

尤賤晳平銀一兩易錢二千零數十貧民得錢十餘即市米一升而啼饑號寒者不絕於目君子憂之

二十六年正月三日己未雷六月十三日丙寅寅刻地震

二十七年二月乙卯雷震天甯寺塔九月十日白龍見北郊身爪完然掃去王莊民房亥刻地震

二十八年夏六月氣候涼如秋辛酉壬戌大風雨江溢水由南門進時東門居民於城門口置版禦之水高於版尺許七月四日大風六日不解十七日十九日大風雷雨田廬漂沒知縣王檢心捐備饅餅竹筏以船拯救並設局勸捐通稟略曰自六月二十日後至七月初十日東風大作連得雷雨禾苗淹沒水深六七尺職亡於破災貧民分別安撫不意十七至十九日又值東風大作三晝夜不息職恐內圩緩破即帶錢餅親往查勘途次又據各鄉紛紛稟報圩衕破水勢較前更大

職一面親往一面飭委巡典分投查勘並備小船帶往目擊災民紛紛逃避有於木排暫避者有避於高堆者有於斷岸殘堤暫避者均令搬移高阜散給蘆片搭蓋棲身錢餅以資日食其房在水中不能登岸者用船渡出亦令於高處蓋棲並甚有淹過房簷查無人跡可見隔檣呼喚有聲速令差保夫其屋頂於梁椽上救出者均令暫棲高阜逐日散給錢餅並將案請鹽義倉穀及勸捐接濟緣由通加曉諭令其安心待撫該民轉泣爲歡甚爲安靜 八月三日大雨竟夜江淮湖海同時異漲山水下注不得洩遏成澤國知縣王檢心會同南河同知謝元淮稟請鹽義倉穀二萬石糶之時居民自盛夏至初冬浸水中百餘日十病八九知縣王檢心於職所捐備薑醋焦湯夜施袪寒夫濕九五[illegible][illegible]文以行人病涉相借木跳木植紮筏以濟之自唐公橋至河西隊家灣劇後各三四里往來稱便城內天妃橋至大市口邑人張式均結筏 九月朔倡十日又倡十月知縣王檢心領賑銀置跳濟之

一萬一千八百六十四兩一錢三分五釐申定查給戶口貧

程勘實災區三十二坊三洲二遜灘略曰　一查給戶口必
務須覈驗及孤貧老弱者方准給食如鹽蔬米鹽或有業
營生及少壯力能傭趁者不給　一災民十六歲以上爲大
口十六歲以下至能走者爲小口在襁褓者不准入冊　一
業戶有田畝散在熟里者不給　一災戶有弟兄子姪一家
同住歸家長戶內查給不得花分冒領　一戶口委員親查
當面註冊給票如有地棍鄉保借爲災頭名色暗使婦女成
羣鬨鬧即將爲首及夫男拏究扣查口糧不滋事者仍然查
給　一查詭戶口不肯鄉保串同刁衿地棍指使查過村莊
之民混入下壯通冒查出即行拏究　一地保造呈堂冊復
多需索以爲紙筆之資給錢者不應捐卹之戶混造入冊無
錢者應卹之戶反不造入是與聲冊全不足憑職散放饑餅
時詢其姓名住址暗記手摺已得大概此次再加親驗庶實
在災民不致遺漏　一委員薪水舟資隨查造飯食均係
接口給發冊票紙張亦係發錢備辦書役毫無賠累倘有需
索供應使費紙張許鄉保就近稟明委員報縣拏究至書差
恩票一概禁除　一散放錢文每次大口若干小口若干預
先等紮通足制錢其穀亦較準消掛於縣所明白曉示俾災
民共見共聞如有私扣錢串短少一片合均惟經手人是問災
民領過一次即於票背蓋用散放一次戳記仍給災民取回

俟末次收穫核對底冊造報一有蠲減災民將即票查抄押錢或減折賑票以獲卓利者即將押票人拏究仍將原票給還災戶如一災民將票遺失准其於對簿五日內呈明姓名日數補給　一散放擇於適中地方分設廠所男左女右某日散放某坊先期曉示免致跋涉等候　又續擬各條略曰　一委員赴鄉戶必親到人必親驗不假書差之手查過一戶門牌寫明極次貧大小口數貼門首查完一坊即將一坊戶口結冊通備由委員徑報各憲縣中即照報文查對票根冊貼邑廟註明某員承查某坊俟通境查完匯委員較一硃冊結總通報以備　上憲抽查詭名戶口不禁自絕　一災民或搭篷高處或寄居廟宇內放賑均係隨地給票現在水勢尚未盡涸難回原住村莊傳地保詢明該災民原居坊分別行註冊就所在地方查給將該本坊戶名扣除外境災民許居不能回歸者詢明原籍住址亦另冊登記照次貧給予以免流離　一市易錢價平時長落原聽其便災年奸牙鋪戶知有賑濟每將錢價擡高牟利竟不計少易一文災民即少得一文之益職示諭行戶按價據實開報將來賑銀即照市易價值合算如鄰境價若約除盤費水脚仍較本境相宜即於價善處易換總冀多多益善　又奉行條款事宜稟略曰　一九月朔開局至二十八日收當耕牛四百十二

隻均照原本放贖不加利息哏費　一捐製絮襖先將錢交董事赴滙作地方購買布疋川新淨棉花製做又酌照原當棉衣共四千二百餘件裏面蓋用魚稻戳記諭令典鋪不得質當　一設厰賣粥老弱衝寒而來勞憊殊甚其不能跋涉及羞於露面者即不能得食令於天安寺炊煮製備有蓋一木桶稻草結縛包裹挑赴城鄉市鎮遇老弱疾病殘廢各給一勺其門庭冷落而無家食之人有粥以進多寡散給無設厰之費而有活人之實　一水勢初漲漂泊棺柩淹斃流屍即經分　以下闕

重修儀徵縣志卷四十六終

【雍正】高郵州志

（清）張德盛等修　（清）王曾禄等纂

鈔本

灾祥志

春秋不言事應漢儒五行之學率多牽合後世讖之然箕子洪範五事休徵所以錫保皇極也王省惟歲師尹惟日庶民惟星則一方休咎之徵謂非司土者之職哉志灾祥

〔晉〕成帝咸康四年秋大水傷稼

孝武帝太元四年夏五月秦將盱眙進圍三阿監江北軍事謝元連戰破走之

秦俱難彭超拔盱眙執内史毛璪之遂圍田洛于三阿去廣陵百里朝廷大震臨江列戍謝元

自廣陵救三阿難超戰敗退保盱眙元連戰破

之難超僅以身免元還廣陵加領徐州刺史

〔宋〕文帝元嘉十年冬十二月營城縣民成公會之於

高郵界獲白鹿白麑以獻

十八年秋八月高郵郡嘉禾生詔改爲神農郡

〔唐〕太宗貞觀八年江淮大水

貞觀九年旱饑淮南節度使張延賞奏遣流民

就食外境

按舊志延賞曰捐此而甃不如適彼而生乃具

舟遣之勑吏修具屋廬已逋而歸者更增于舊

中宗皇帝嗣聖元年英公李敬業起兵揚州將軍
李孝業擊敬業於下阿殺之
初魏思温説敬業曰明公以匡復爲詞宜鼓行
而進直指洛陽則天下知公志在勤王四面響
應矣敬業不從乃將兵攻潤州取之聞李孝逸
將至回軍拒之屯下阿溪阻溪拒守魏元忠言
於孝逸曰風順荻乾此火攻之利孝逸從之因
風縱火敬業大敗走其將主那相斬敬業首來
降傳首神都
代宗大曆中高郵人張存獲藕劍

舊志存以踏藕爲業常于陂中見旱藕稍大如
臂存異之遂共力掘之深二丈大至合抱以不
可窮乃中斷之得一劍長三尺色青無刄存不
之寶邑人有知者以束薪獲焉其藕無絲
宣宗大中六年夏鐵高郵海陵民於河中漉得異
米號聖米
按節度史杜悰傳悰鎮淮南時方旱道路流亡
藉籍至漉得渠遺米自給呼爲聖米米大如芡
實
僖宗光啓三年冬十一月秦宗權遣孫儒攻揚州

屠高郵
宗權遣弟宗衡將兵萬人與楊行密爭揚州以
儒爲副未幾權召衡等還蔡拒朱全忠儒稱疾
不行宗衡促儒儒怒而殺衡傳首于全忠分兵
掠鄰州衆至數萬以城下乏食還襲高郵屠之
〔宋〕真宗祥符元年民王言妻產四男
仁宗天聖二年大水漂溺民居
天聖四年雨水壞民廬舍
慶曆某年刼盜張海過高郵知軍晁仲約賂之
海不爲暴事見宦蹟傳

嘉祐中甓社湖神珠現

捜沈存中筆談云嘉祐中甓社湖有一珠甚大

後至新開湖中行人常見之予友人書齋在湖

上一夜忽見珠甚近初微開其房光自吻中出

如横一金線俄頃忽張殼其大如半席殼中白

光如銀珠大如拳爛然不可正視十餘里間林

木皆有影如初日所照遠處但見天赤如野火

倏然而去其形如氣浮于波中杳杳如日古有

明月之珠此珠色不類月熒熒有芒燄殆類日

光崔伯易嘗爲珠湖賦伯易蓋嘗見之于樊良

鎮正當珠往來處行人至此往往維舟數宵以
待珠現名其亭爲玩珠亭舊志云其珠隱見不
常遇其見則必有休咎之應孫莘老家于湖陰
夜讀書覩窗明如晝循湖求之見珠于湖中是
年莘老登第或云建炎中光竟夜繼罹賊禍亦
時見新開湖中蓋神物轉徙不常故也
哲宗元祐四年產嘉禾雙蓮駢瓜等瑞物凡十有
二郡守楊蟠圖其形於豐瑞堂時連歲大稔
元符元年飛蝗抱草死
徽宗政和六年夏旱秋大水民戶流移二千餘家

聚於揚州通判蒙安賑恤之下詔褒美

高宗紹興三年蝝害稼在地者爲禿鶖所食飛者

以翼擊死詔禁捕鶖

紹興四年劉豫會金人入寇韓世忠遣都統制

解元殲其衆於城之北門事載宦蹟傳

紹興二十四年春淮水漲有一物狀混混色頗

高近尺長百餘步廣十餘尺非形非氣若血而

凝或浮而止自淮歷郵入興化人驚畏之莫敢

近至夏四月霖雨不已重湖縣亘五六百里一

夕增水逾丈漂流廬舍伏屍遍野

高宗建炎三年春二月盜薛慶據高郵張浚諭降之事載宦蹟傳

孝宗淳熙三年夏四月郡圃芍藥一枝五花郡守王詗名其宴寢之堂曰豐瑞仍圖之堂上

淳熙五年秋八月黑鼠食禾田無遺穗民大饑

淳熙六年大饑民食草木

淳熙八年夏四月至秋八月不雨郡無秋太守程闓一奉詔賑濟旱雖甚民不大饑

宋趙善遷撰程太守賑濟記

高沙古揚州之域瀕接淮海繚以重湖禹別九

州定其田爲下下有宋受禪陞軍置守承平二
百年歲漕東南之粟以給京師而郡實孔道民
亦服田力穡井邑之盛土地之宜過前代十倍
中受躪藉戸口未復家無贏貲野多曠土歲一
不登父子兄弟盻盻然若不相保乃淳熙辛丑
夏四月不雨至于秋八月上田揚塵下田龜坼
雩祭無驗而苗益就槁是時江淮兩浙皆旱聖
心焦勞大發庾廩之積使使者視部内之豐歉
而頒焉大守毘陵程公聞一奉天子詔令承外
臺旨意孜孜業業以講救荒之實誠發于中而

憂形於外爰勅僚屬四走阡陌錄貧民疏老稚曰賑濟則視其家之衆寡而均賦曰賑貸則察財力之羸縮計口而差給曰賑糶則又考其道里之遠近置諸場家予之券使日糴焉賞明罰必吏不敢怠無一夫之遺無一粒之濫猶以爲未也乃請于朝乞取營田之稻二萬續其食疏入報可凡倉漕二司與郡所出之米以斛計者二萬八千八百四十麥一千六百七十四稻二萬八百六十一故雖旱而民不大飢也不轉徙田里宴然越明年壬寅春時雨屢降二麥告登

穗或兩歧非公體國愛民一出于誠其能召和
氣回豐年如是之速耶于是郡之父老相與告
邑令孫傑曰僕等幸生是邦犬馬之齒耄矣歷
觀賢府君發號出令施設而爲政者何啻十數
而明于爲郡者無幾恐一旦隕越填溝壑不能
裨補萬一使子弟不率其教而爲鄉里羞昔在
先王以荒政十二聚萬民鄉師又以歲時巡國
及野而賙萬里之艱厄蓋天災流行國家代有
堯舜之聖有不免焉春秋之時宋之子罕鄭之
子皮皆能出粟以康其國而漢之汲長孺至矯

制發廩以活河内之民是皆明於治道知爲政之緩急而然令公之爲是邦也地方千里臥以鎭之而平易近民無苛刻峻厲之氣淸凈治已無晏游聲色之娛惟一事不妄興故能一民不妄役惟一錢不妄出故能一毫不妄取適丁旱暵憂民之憂使父子兄弟得相保于凶年而卒逢于樂歲其明于治道視子皮長孺之輩爲無愧僕老矣無能爲也僕不求所以發揮賢守愛民之誠以詔乎來者將何以免罪于後屬善遷編次其言而刻之石

淳熙十五年淮甸大雨淮水溢高郵漂民舍壞
田稼
光宗紹熙二年夏旱蝗
寧宗慶元二年秋七月飛蝗戴蛆死
是夏旱飛蝗起自淩塘忽飛至城人皆憂懼繼
皆抱草死每一蝗有一蛆食其腦
陳造呈郡守陳伯固詩
使君手有垂雲篲虐魃妖螟掃不餘千頃飛蝗
戴蛆死已濡銀毫為君書
開禧二年飢楚州盜戚椿擁衆至高郵太守劉元

鼎禦之盜不克入遂入運鹽河斧梅東下過第二溝三梁官溝河口賈庄等處並遭焚刼

嘉定元年大飢　斗米二千殍者過半

嘉定二年楚民胡德胡海作亂自楚過射陽轉至岡門入富家堡據為巢飢民附者日衆帥司下令招德降之弟海更猖獗進屯胥家庄從亂者蜂起瀕海數百里莽為盜區

〔元〕世祖至元十七年高郵飢

二十二年大水傷人民壞廬舍詔發米賑被災之家

泰定帝泰定三年高郵蝗

順帝元統二年高郵大雨雹

是時淮浙大旱惟此地瀕河田禾可刈悉為雹

所害凡田之旱者無一雹及之

至正十三年五月泰州張士誠兵起據高郵自

稱誠王高郵知府李齊死之事載宦蹟傳

〔明〕太祖洪武十三年詔以高郵等處連年水旱兵疲

免夏稅秋糧一年

英宗正統五年大饑人相食上命主事鄒來學賑

之

天順四年大水
憲宗成化十年旱運河竭七月大雨
十一年大水民飢命户部郎中谷琰賑之
十四年大水
孝宗弘治六年冬大雪
民凍餒及屋廬壓死者甚衆
十六年秋大旱疫知府王公恩發粟賑之
十八年大旱飛蝗食禾殆盡民大飢
武宗正德元年旱
四年春大旱夏大水壞河堤沒民廬舍冬苦寒

河水結花卉之狀次年冬亦如之
五年民周某家娶婦炭火内生金蓮花青蓮花
二朶　後其家敗亡
十三年三月雨雹五月大水知府蔣瑶奏免夏
秋二税
十四年大風雨大水民飢
世宗嘉靖元年新開湖有巨木見取之
舊傳新開湖有運皇木者適遭衝決失大木二
歲久湖中有二物如龍形每遇風雨則昂首震
聲遠近見聞相傳木龍出現自後湖决雖風雨

不現疑入海嘉靖元年州堂歲久將圮郡守謝
欲新之材木俱集獨少正樑命工營求不得忽
湖中浮一物苔衣如毛長尺許游動搖蕩人疑
不敢近報州差水工驗勘乃一巨木也捧挽至
岸工人量之與州堂間架長短相合遂祭告斤
削繪彩以充其用絜而上之若神助無難于力
或以二木之遺其一者

郡人王磐詩

謝公有意建州衙神木千年出浪花句

二年春正月不雨至夏六月禾稼槁死七月二

十五日大風雨拔木毁民舍大水河堤决民飢
三年春大疫飢死者相枕藉詔命侍郎席書賑
之秋旅穞生民賴以活
四年虎入境至馬家庄獲之
八年旱飛蝗蔽天積地厚數寸禾不登巡撫都
御史唐龍奏免税米馬價減夫役留班軍以恤
之
十一年大水無麥禾
十二年冬十月丙子夜星隕如雨
十四年春夏旱飛蝗蔽天九月壬申夜衆星交

動

十五年旱蝗不爲災知州鄧譖作賞豐亭

滅蝗碑序　凃棣撰

惟十五年春正月至于三月不雨四月又不雨有蝗飛自西北徂東南蔽天日爰集于野父老曰噫嘻歲既大旱蝗益滋今茲吾民弗克播種穫植予其顛隮五月庚申陰雲始興雨乃降厥亦甚微惟是蝗害于麥芻田弗能穀湯胥羣情懍懍譌言斯興甲子天乃大雨五日己巳又雨越四日己高郵四境之蝗皆自毙草間無遺育民

大悅父老曰噫嘻異哉始天恒暘若蝗興爲災
其能永力畋爾田將淪胥以喪今天陰隲民雨
滋下土蝗亦盡滅我弗敢知其誰動天監我弗
敢知蠢玆民愚德不馨香其能發聞于天父老
又曰我聞在昔樹君爲民君建列辟亦民休戚
胥君惟德動天妖不勝仁匪君一人丕享於天
心二三民社攸寄天罔日監觀于四方予等野
人奚于丕臧之事先我郡大夫有不忍言民用
大感上干天和今玆我郡鄧侯紹求前聞靖共
在位好惡惟民之衷廉而不劌剛而不虐寬而

不至縱簡以有文平役已責節財貸困咸和于
我小民矧曰敢自暇自逸惟天丕顧惟誠感神
耶我鄭侯秉德蠲蒸馨香登聞于天爰爲我民
請命上帝降格罔俾災于爾土嗚呼休兹其克
鮮哉越我萬民既粒克胥匡以生以侯大分賚
爾野人無與知敢拜手稽首頌侯之仁以永世
時州人士有以民語聞于都水使者曰監形於
水監政于民考祥視履君子之道也桑枯雉鴝
惟修德正事天人交感之理豈誣也哉抑民語
質而弗睟信而有徵略祥辨官檢德順治咸于

是乎在作滅蝗碑序

賞豐亭記　知州鄧詰撰

嘉靖乙未為余筮仕之初年既拜命守高郵尋臥病京師越月者再郵為南北要衝往者來者類能言其土壤之饒魚稻菰蒲芡菱蟹蝦之利民風之醇漓吏胥之桀黠屢歲之飢歉蝗蝝或有難之者余曰聖人之教忠信篤敬蠻貊可行矧郵乎哉八月秋適知州事卒如所語者居三月政壅弗流乃梓涇野先生諭解略而化誨之禮其有道者翼其進者撫其淳節其冗平其強

蠲其逋負鋤其頑黠賑其憂飢虫為苗害者且
焚且瘞禱於神盡祛之甫朞月翕然以寧稚子
黃童輒喜談解略播為歌聲土雖沃無遙俗賢
賢善善日惟趨焉淳者愈敦頑者以警挾律以
逞者遯迹于公庭冬既雪霽雨暘維時蝗飛翳
天率赴河抱草以斃余占為有年賦詩章志喜
屆秋成黍禾聿升民興歡慶水部郎涂公颺嚴
休嘉大夫士從而張之謂政元迄于今未聞降
茲康也先是楓山子搆亭于郡治之東阜乃茲
聞民樂而賞之率羣寮招序長舉酒于亭名亭

而言賞豐曰蝗除歲豐亭以賞豐名確矣若知
所以賞乎豐亭宜日中我聖天子赫然有臨固
太平之盛吾曹司政教者尤宜保其豐恤民瘼
苦牖民昏惰召其天和則哭用眚滅豐穰爲無
疆古渡河出境之績之良庶乎可企矣喜雨之
亭之賞獨流芳已乎不則妖以官邪召詎謂無
殃乎諸君曰蝗殞歲豐允徵吾楓山之政奚卻
慮爲余曰消息乘除乾坤定命鄭之儆也久而
蝗殄而稼登天數之適然而余偶遭其會顧敢
貪天功爲己功哉然春秋書螟書螽故不可無

礬弃不可不述以文因揮亭扁懸于楹鐏罍告

傾摭前辭爲之記

賁豐亭題辭　呂柟撰

前歲乙未余過高郵鄧太守子華方知州事乃

惡其地之衝要日夜迎送不暇以爲疲于奔走

不如求改太學一官以與諸士子談論經史少

爲安也余謂之曰一命之士猶能濟人而况于

州大夫乎且雖奔走應酧之間無非息民勸士

之所余既去子華乃一志于民諭之如師保撫

之如嬰兒既期年衆皆樂業士亦嚮學蝗飛蔽

天江淮一帶諸郡率罹其災而高郵四境之內
蝗皆赴河抱草而死連歲大熟子華信已政之
有徵而憶余往者之言果非虛族也乃作賞豐
亭以與民同樂有昔醉翁亭之遺焉今春余進
賀表北上再過高郵滋聞其詳且得觀子華自
敘并諸歌謠之作喜慰無已曰使子華前日政
官太學就如余為祭酒未必遽有益于士民如
此也經云其身正不令而行者果然乎哉今子
華乃歸美于余之論解略而不知余作布袍詩
者實其根本也斯往也惠此郵民化至比屋可

封而後止衣此布袍敝至數綀五總而後已則
子華他日晉參藩政雖全省有蝗亦可坐而除
也
十九年旱蝗知府劉命捕蝗秋大水撫按奏免
稅糧等賑之
二十二年至二十四年旱
二十六年秋大有
三十年秋海水溢没下河田
三十四年大水飢冬月夜有流火如斗自北街
流轉至廟橋止　兆次年倭火

三十五年倭夷寇揚州工部郎中包應麟禦之倭寇不敢犯境
三十六年夏五月倭寇犯境燬南東北三門外廬舍殆盡秋大水河堤决民飢
三十七年大水飢
三十八年三月菊有花大旱疫
四十年閏五月庚子地震秋七月大水河堤决十二月望日有四暈内白虹貫之
四十一年夏大水没田禾
四十三年春大雪夏五月大水没田禾

四十四年春旱夏寒六月大雨一日夜積水深五尺餘沒田禾

四十五年閏十月辛丑夜流星如織有流星二大如月

穆宗隆慶二年元旦晝大風屋廬皆震

三年秋大水自淮北來高二丈餘漂蕩廬舍溺死人畜不可勝紀民無所居食

時令民有出粟一百石助賑者給以冠帶復其身其年艱食至此

馬一龍詩

客子乘槎詣所如榜人無力且踟躕林皐宿霧
牽愁雨野族孤燈見溺廬誰謂桑田今變海可
憐民命半爲魚東南財賦年來困十室相看九
室虛

郡人陸典大水紀災二首

其一

四野黃雲爛不收風壓渺渺忽生愁浪傾山勢
縱天下日抱河流接地浮水末有巢居泛泛天
涯無路水悠悠桑田轉眼成滄海只恐魚龍混
九州

其二

老泪纵横望转睩城头落日乱翻鸦秋风方战桐无影冷雨强催菊有花一夕水天星在霤五更霜落月横槎春来乔木巢春燕顾我飘零尚有家

四年夏旱秋水

五年夏五月大水河堤决郡西南高田熟

神宗万历三年泗月泛涨堤决清水潭丁志口

八年大水

十五年元旦大雨雷电十六日雪深数尺

十八年五月雁來大雨六日欽天監奏淮揚有水患高寶尤甚十一月開東水關

東水關從城南引水入關出北關風氣完固今廢故郡多災患西水關亦應增設于城外雙人家頭以宣洩漕水

郡人陸典大水紀災四首

其一

一水西來遠接水况兼風雨夜留連生民魚鱉嗟何及儲餉今年減去年

其二

年來太白不避日人道金星是水星天鑒昭昭
誰肯謝果然懷嶽復襄陵

其三

去年斗米已千錢今日千錢無米船世有飢寒
失慈父更愁波浪起風煙

其四

帝堯洚水警予時諸老寧無大禹謨無事順流
須到海恥言板築障溝渠

郡人張守中浩浩秋水歌

古聞有水滔天來偉哉神禹鴻蒙開至今三千

有餘歲睽蜂畫井崇歌臺歌臺舞榭寧足恃堪
輿茫茫雪濤起憶昨西風蕩暑回岸葦飛霜赤
龍死豈知陽退陰乃强重雲蔽日天無光六丁
扣扉阿香去百精畢力豐窿忙豐窿傾瀉詎幾
日遍地洪湍勢何疾頓令溟海代田桑可憐人
在蛟蚪窟西有蠡湖之老蚌南有大江之鳴鼉
嘘煙激浪渺無辨浩浩一望爲長河長河之隈
昔未記金穗垂雲密如綺一朝汩沒成塗泥終
歲勤勞付流水漢陰野老吞聲泣遠去高岡聊
宁立猴鼠啼烟無奈愁雞犬零星那復集君不

見冬〻寒〻裂膚雪滿頭食無飽糗衣無褭出望鄰
里俱情情妻子相顧塡溝渠又不見門前租吏
相持急忍牽兒女輸租入兒行啼爺爺亦死生
死相去不相及嗟此秋水毒殺人利于刄城中
膏粱輕薄兒呼盧擧白寧能信手擲奇贏列市
中積米如砂不知憫不知民窮盜且生向來黃
金非爾籯古遺喪亂誰子立高堂葬屋同顚傾
傷余生値時艱時艱不能拯使我中夜激烈摧
心顏我思吾民渺如此吾民雖微君赤子幾欲
陳圖天子前三復重瞳應噬指皇家宮闕九龍

翼藿食從前敢謀國袖圖中道復踟躕𨇾坐窮

簷徒太息

二十年大水堤決腰舖

二十一年大水通湖橋崩堤決南北中堤共五

百餘丈

二十三年大水堤決七顆柳腰舖淮安關武家

墩二十餘丈高寳水漲二尺時聞議開周橋人

心恐懼尋止

二十四年大水五月雨百不止

二十五年揚州雨黑豆四月雪雹傷麥秧

三十年正月雪六尺五月大雨七日民田盡沒

隄決小閘口

三十八年黃河水漲隄決八里舖

四十五年大旱飛蝗蔽天

熹宗天啟元年大水隄決九里北

五年六年旱蝗

時魏璫竊政飛蝗蔽天

郡人孫兆祥有禾已黄歌

大璫胡為日月傍囹圄湯鑊填忠良權門鬻賂

民罹殃腥聞帝怒星生芒地軸撼城覆其隍伏

屍百萬魂飄蕩青燐白骨成飛蝗蝗兮蝗兮禾已黄恩斯勤斯匪爾糧何不往噬彼宵小之肝腸

懷宗崇禎四年夏雨五六尺堤決南北共三百餘丈南門吊橋閘崩城市行舟人多溺死

郡人孫兆祥志感五首

其一

千畦萬井委龍宮天水無垠一色中樹杪蛙聲羣聒月簷頭魚沫蚤嘘風頹垣盡假鮫爲窟遺耜誰知苔作封一艇盪煙還盪雨青蓑難拭泪

流紅

其二

長堤滓滓水瀰瀰，暫向鶺鴒借一枝。棟插亂雲和雨漬，軒依淫葉任風吹。閑思九月新場圃，漫數三村舊酒旂。何日巢居人就日，索綯重復理茅茨。

其三

十萬金錢濬汕河，兩淮昏墊沐恩多。江門迅度桃花浪，澤國喧騰芒稻歌。鹺借神叢咸梗議，商營兎窟越群訛。由來衆喙風波樣，釀作滔天且

奈何

其四

行河使者漫勞神，匏子功高碧玉沉。竹馬有靈驅旱魃，鐵楮無計鎖狂麟。築堤那惜黃金匱，輩輓恒憂赤羽頻。寄語馮夷須効順，焦思殉國有波臣。

其五

依依緣樹倚雲隈，十里紅樓次第開。饌出郎廚供雪泛，衣懸蜀錦帶雲裁。醫瘡剜肉懷應愴，悶柳拈花興已灰。奢儉豈關豐歉事，臨流一望幾

徘徊

又水災後饑盜境中

赤子弄潢池兵戈非所好飢寒一切身良民轉

爲盜將軍獻俘騃野鬼空原嘯嗟此刀頭魂誰

與訴廊廟

五年北水大漲上下河田盡渰

六年大水

十三年旱疫氣盛行歲大飢穀一斗銀三錢知

州李含乙帥郡人胡長澄孫宗彝等募賑米一

萬石計口五日一給病者至其寢處給之

十四年大旱蝗歲飢穀貴仍設賑如前

以上二年鄉民于土山掘石屑食之曰觀音粉

多脹死

十七年鎮兵數萬屯高郵

國朝順治元年

四年大水六月雨不止郡人孫宗彝條議上巡

撫陳之龍差役掘丁溪白駒二閘水即退

孫宗彝海陵行十二首

其一

綠漾新畦稻放芽東風觸舫照西斜詩瓢未許

閒情擿目斷心焚十萬家

其二

三年三過海陵溪行路心違亦自嗤嬴得故園

風月好桑田遑問幾遺黎

其三

最憐澤國長蒿萊孔思周情日幾迴珥筆十年

酬未得郡將圖繪到烏臺

其四

瓴甋如今城社空不堪供億是蠶叢試披清絶

鏡湖水洗盡瘡痍魑影窮

其五

荆公心岂篤蒼生，悮爾偏矜經術名。莫使青苗攙僱役，當時也可活孤惸。

其六

千阡百陌倚豪成，坐饜膏粱博怨嗔。縱使農夫堪驛負，中衢尊置幾人斟。

其七

老大傷嗟瞽未開，荷勳之子骨如柴。幾曾詹得門偏大，難把良田别樣栽。

其八

翼戴
皇家覆載寬阜成倡牧領州官均安謨訓銷貧寡莫
是公田意與般
其九
疏情愷切有黄門飛作蒼霖溥海恩次第春陽
回黍谷十城風雨盼朝昏
其十
遠猶經國汲淮南袵内飢人睡亦酣不聞蛙鳴
慈虎視規隨清静有曹參
其十一

零雨連宵溺客舟闗情九壤怯三秋雲霓此日
慰崩首且拾衣甜沽酒樓

其十二

平野新晴掉晚風雲林一幅畫圖中鷩烏千點
棲枝穩搦管先知有化工

六年北水大漲南北堤決數百丈大飢郡人王
永吉等募米設粥廠賑之

十年大旱穀貴民飢

十三年虎入境渡湖獲之鎮國寺焚

十六年霪雨為災民田盡没海氛震鄰民多逃

竄

康熙元年開周橋淮水東下堤決自此水患不息

二年夏旱秋雨

孫宗彝作甘霖歎

去年雨時若禾頭燀金刀計日納場圃村村懸

鼓鼕渾水從西來建瓴如奔驥一夜嚙十堤四

野圍九號粒粒皆辛苦傷哉飽洪濤沒波櫝遺

穗腥爛如鼠毛連糠採作粉充腸事築挑工役

急如火災禍不單遭市產鬻兒女訟牒還嗷嗷

忍死至茲歲旐旟魂為撓六月塞不雨枯苗支

桔槔萬命繫一線不絕乃纖毫天意經秋回三日灑靈膏妝豐侈神變農晙陳生羔九月煮新稻十月贖典裯吁嗟飢與寒庶幾寬螬蠐低首步躊躇增長心忉忉亟須竭賦稅更當佐河漕繁供集如蝟雜辦多于蜪虎冠既足威狼噬安所逃夜户不得扃句檢愁聲嗥嘉禾廼民命數十票紙摞惠我誰作霖彼蒼豈徒勞歎罷復淅淚不如傾濁醪

四年大水堤決七月三日颶風大作湖水漲城市水湧丈餘有水怪色白形長丈餘向東去壞

漕艘客船居民溺死無數大飢

郡人夏洪基水災紀事

歲在乙巳年春來雨不足農夫抱旱憂相對忒頻顣乃當仲夏交大雨忽淋漉濁空如建瓴溜簷若懸瀑滂沱朝及昏淅瀝聲如績田閒水驟盈奔湊無洄濩穲稏禾正青頃刻已成白一望盡瀰漫不復辨阡陌畚鍤靡所施繞岸空躑躅萬井委龍宮大地無遺璞奇禍更難言淮流漲西北合併諸瀾河以郵為壑谷長波滾滾來狂風助其毒衝激壞金堤浩蕩走平陸初只淹民

田繼乃捲民屋東舍墻已頹西鄰棟又覆顛踣
波浪中相聚如水族風雨驚怒濤難免葬魚腹
蕩析曾未寧修堤事春築排甲起河夫里胥又
催督貧者任筋勞富者出錢粟傷力復傷財何
異遭刑戮客歲雖有秋所患賤在穀貧窶食用
餘家無升斗蓄屈指救燃眉滿擬今年熟一旦
罹此凶何以給飦粥公私兩無資烏得不窮蹙
蒸民至此時生理艱且促問誰司撫循仰望在
良牧奈何功令嚴賦役交相迫徵比不得停日
日惟鞭扑或且攖桁楊或且繫牢獄豈但剜及

瘡剝膚兼盡肉逋負懸官糧有罪那可贖依例
告災傷空文煩案牘國計急征輸有疏不即覆
縱或沛
皇恩蠲貸苦不速無實祇虛名徒飽胥吏慾窮極呼
蒼天降殃亦何酷死徙遍四郊瘡痍真滿目無
室以爲居風棲而水宿無食以充飢形鳩而面
鵠靜夜聞悲聲哀哀婦子哭有生亦胡爲不如
死溝瀆拭泪寫此詞傷心不忍讀誰實採民風
痛爲
明主告

郡人李瀅作雉子班紀異

雉子班麥漸漸夫耕婦饁滿田間催租吏到門

烹雞煮糜相周還昨聞月離畢烏雲又接日牀

牀大雨夜不休東鄰西舍啜其泣啜其泣血繼

之飓風忽大作白晝舞馮夷馮夷河伯怒不已

城中大樹連根起貧民數萬水中死死者誠可

憐生者倍可傷提兒鬻女路傍一飽不克充充

飢腸求生不得願速死自古天災那若此

七年六月飄風驟雨十日不止環城水高二丈

城門堵塞鄉村飄淌死人民數萬城中人民號

哭地震墻宇多傾總督郎公廷佐巡撫韓公世

琦以非常之災奏聞

上遣户部官木成格等踏勘災傷格回奏水患緣由

特旨盡蠲州縣賦税發米二萬餘石賑之冬遣大臣

明珠等相視海口閘天妃石磋白駒等閘毁白

駒奸民閉閘碑

八年周橋未閉清水潭決民田仍被渰没蠲免

賦税如七年賑飢民

是年二月周橋海口議甫成人言夜雨多則三

時滚

孫宗彝有詩

其一

春來不減去年愁滴到空堦淚亦流畚鍤心拚

填瓠子桔槹魂已怯陽侯鴆形消葦樓難定雞

骨支寒聽不收獨念巖廊正求莫雨暘寧可負

宵憂

其二

雲簑霜笠老農同課雨量晴望歲豐十載鴻蜚

遵禹渚頻年魚夢化堯洚春蠶愁較三時卜汙

野闊思五日風剛道隰原宜種稑那堪林壑又

流潦
九年淮水大漲由瞿壩周橋入高郵湖民田淤
没殆盡知府趙公良相詳督臣麻公勒吉疏請
蠲賑
上遣大臣多諾察户口賑給飢口銀二萬七千有零
孫宗彝詩時客會稽聞鄉里得賑感賦
最軫江淮墊居然事發棠汙萊吹斷火溝瘠理
枯腸漸易監門畫應空内史倉禹陵高處望播
奏答
仁皇　又奉

旨大治河淮
疏塞無三策慭忘捐舊章神功争扼險精理在
微芒禹貢經曾註河防覽亦詳不因清水力畚
鍤困渾黄
十年淮水漲十餘日清水潭堤決田盡没民多
流亡督撫具題
上遣户部侍郎田逢吉郎中黄宣泰同滿州撫臣馬
祜兵道張登選發米二萬石設賑盡蠲其賦税
先是民于地掘白土爲食亦曰觀音粉
十一年大水四月清水潭復決民飢漕撫帥公

顏保奏請蠲賑

詔發例監銀一萬五千兩委糧道王公緒祖賑之蠲

正賦

是秋巫人號于衆曰耿侯賜民魚爲食已而上

下河魚忽湧起任人網取市中魚一斤錢一文

七日而魚盡

十月奉總督麻公總漕帥公江撫馬公知府趙

公檄發銀米賑濟如初

十二年大水時修築清水潭西堤將竣復決田

稼存者無幾督撫請賑

詔發帑爲粥賑之自冬至次年三月乃止

十三年大水夏旱秋復大水

十五年夏五月水發清水潭西堤再決城南東堤亦決上下河俱渰總漕帥公顏保捐米麥四千石賑之

十六年大水

十七年自春至夏初大雨六七月不雨禾多枯

十八年旱飛蝗食禾殆盡至十月大水民飢水田生草名三稜民取其根食之

郡人賈良璧三稜賦并序

三稜者即農夫所謂撒浪者也田中見之則五穀不生己未之秋郵民大飢有闔戶自經者忽老嫗令食此物遂家傳戶曉賴以全活者數萬乃記其事而為之賦以告後人之飢饉而無從得食者賦曰天生萬物以養斯民任土作貢草夭木青康年屢降兮既多黍而多稌飢饉洊臻兮亦藿食而藜羹蓋自美惡之既判因而取舍之不同折露葵于松下拾橡栗于山中採鳧茨以作糗烹薇蕨以長吟野人獻芹而曝背流民采蓄以謀生如斯之類不可殫論若夫化蕭艾

而為芳芷變蕢葹而為杜蘅非獨稗雅之所不
載抑亦耳目之所未經爾其揚州之域夙號水
鄉魚鱉黿鼉黍稷稻粱耕則雲犁而雨鋤斂亦
千倉而萬箱夫何數年之水旱遂致遷變乎滄
桑歲在乙未民卒流亡鳴蛇嘔啞旱魃披猖睹
溪枯而澗涸悼禾焦而草黃加以蝗蝻鼓翅紛
紛揚揚蹋地喚天畀炎火而無術扶老挈幼嗟
道殣之相望塵黷黷兮生甑泪淫淫兮沾裳索
飯啼飢無蜃蛤之可採長鑱短柄冀薯蕷之充
腸乃有桑閣餓夫投繯自縊何物老嫗指示靈

異名曰三稜味如甘蔗力舂杵以成漿調水火而既濟農夫驚聞潛焉出涕彼稂莠之亂苗嘗蘊崇而芟薙雖飯牛而牛肥豈堇荼之足嗜顧一籌之莫展且薄言而往試于馬執傾筐腰短鐮偕婦子步中田手柔兮土燥力弱兮根堅爨火無煙喘如絲而尚續指痕欲斷血濡縷以澄鮮壯者欷歔而困憊老者僵臥于道邊及其夕陽欲下雛子候扉相慰相勞且信且疑聽雨外之村舂玄霜夜搗望鄰家之篝火白雪紛飛入釜而銀濤漸沸出磨而琚屑初霏味比槐淘不

待三餐而腹果香同玉粒無煩百里之飢驅列

肆居奇訝方珪而圓璧持錢入市竟虛往而實

歸遠邇傳播筐筥提携黔婁生色萊蕪增輝彼

作糜而煮酪僅稍緩乎須臾憶雜糠而屑豆亦

何療乎民飢賴茲好生之大德方可普被乎郊

圻吁嗟乎民飢貴賤何常負俗何害雖有絲麻

勿棄菅蒯澗溪沼沚之毛蘋蘩蘊藻之菜苟有

濟于蒼生亦何分乎顯晦鄙蚩蚩之無知恒見

少而多怪艷南海之金虀羨東坡之錦帶樹百

晦之蕙蘭玩小山之叢桂如畫餅之難吞徒春

華之浪采嗟此草之委棄已千秋而萬載神農
知已雖入于木草之中靈均蘐賢竟擯諸騷經
之外農人戴芟而載柞奚啻如蜂而如蠆詎知
歉歲之饑糧是即豐年之薏稗悟今是而昨非
戒勿剪而勿拜倘其木毀而金飢庶幾緩急之
有賴乃為之歌曰撒浪撒浪實生沮澤昔為我
仇今為我德發幽宣滯農夫之力利用穉穡功
侔元稷春之揄之以開百室
十九年麥盛有三四岐者咸以為瑞會霪雨連
旬兼淮水大漲在場二麥及新苗悉爲飄没㐅

月朔南水關潰水入城閭闔往來皆以舟楫壞
民屋廬無算知府崔公華爲民請命具詳江藩
丁公思孔撫軍慕公天顔特爲疏請
詔發帑金委員賑濟徧歷窮簷自本年冬至次年夏
民沾實惠流亡復集
郡人王尊德庚申紀異六首
其一
入夏方憂旱時占少女風稿苗欣復潤枯草慶
將豐豈意淮流湧兼來雨勢雄孟城應厄運水
竟不趨東

其二

澤國陰森氣湖天肆毒龍中宵廢擊柝盡日不聞舂泛泛濕雲重漫漫黑霧濃無邊萇楚恨樂土羨鄰封

其三

城北城南水濤聲夜近窗愁懷方自切壯志已全降衾薄難輕絮更殘剩短缸淒然思古制懷泗不通江

其四

湖漲兼風雨愁人畏震霆有心移地脉無力遣

天丁薄土難生活高勳自勒銘八年令較久腸斷在飄零

其五

極目無乾土孤城嘆刼灰三秋農盡病萬户灶生苔冥冥波濤滚凄凄烟霧來過帆皆掩泣人向水中哀

其六

河堤築復潰不觧舊規模内府黄金匱民閒白骨枯追呼吏何怒逃散徑全蕪乞食英雄事堪悲是腐儒

二十二年大水河西中田及下河盡淹

二十三年

聖駕南巡過高郵生員葛天祚孫晉等獻民本及開

海口圖詳水利志十一月初七日

回鑾舟泊城北郭外生員從準獻詩八章

一章

龍飛踐祚克艱厥成十載宵旰用底敉寧念彼

戍役恤與歸耕藐茲潢池乃敢弄兵

二章

赫矣

皇靈爰奮厥武剗平群醜方略獨主薄海內外咸隸
版土復廛
宸衷東南疾苦
三章
駕言
巡狩時邁再歌爰整六師烝徒孔多百神懷柔維嶽
及河太平
天子清蹕攸和
四章
淮流載清河流載黃六龍飛渡莅我水鄉久矣

遺黎
聖心如傷蠲賑頻加救我飢荒
五章
滔滔之水來自西北厥性就下樓我郵邑下流
不濬上流空築導之朝宗僉云善策
六章
天顏咫尺
天語近人真是父母既惠且親野老扶杖婦子啣
恩惟將萬年祝我
至尊

七章

江山壯麗率土金湯況乃吳會實稱繡壤

翠華涖止

宸翰飛香慶哉臣民同仰

天章

八章

鑾輿經過沛澤旁流如彼穹蒼雨露悉周荷茲曠典

以頌以謳太平

天子萬邦咸休

二十四年七月十八日至廿一日大風雨日水

長六七寸迤南二十里鋪三十里鋪河堤俱決
北門外水深數尺廿七日復大風雨東門外溺
死人無算上下河田盡渰知州李培茂報災
詔蠲免賦稅三分賑飢民
郡人李必恒乙丑紀災詩
其一
何年湮息壤千里發胎簪洪澤陂難障淮南害
獨深尾閭原地勢降割豈天心十萬生人命經
旬突不黔
其二

報道睢仁決須臾涌浪高羊頭何滾滾釜底自
滔滔草木先秋萎魚龍竟日號不堪容膝地霪
雨又蕭騷

其三

即以城爲岸驚濤直撼城長湖無鳥過六月已
凉身野哭何人急訛言半夜驚全家風浪裏秉
燭坐深更

其四

泛宅知無計危樓且共存半間連榻竈八口雜
雞豚嘔瀉情懷惡燔燒淚眼昏皇天吾不怨幸

免作魚黿

其五

藻荇葦高樹荒村八九墟人情爭網罟刼運到詩書大廈何當庇他鄉好卜居可憐空際雁無處覓沮洳

其六

眼見汚邪盡高原捲亦空療飢思聖米禦濕覓山藭不没城三版難祖地一弓奇哭經幾見駭絶白頭翁

其七

司空奉

帝命禹以拯災黎上策惟通漕奇勲在護堤歸墟迷

海口沙路塞雲梯財賦維揚地何堪竟作谿

其八

五行多錯迕誰與問京房穀洛將無鬬淮黄久

失常禹功真不再天變故難詳激蕩悲風起哀

音徹大荒

二十六年

特遣工部尚書孫在豐駐高郵南河分署督開海口

次年撤回

二十八年正月二十六日
聖駕南廵駐蹕清水潭閲河三月初五日
回鑾
三十二年夏大水知州謝廷瑞報災
詔蠲賦税三分
三十三年秋大水蠲免賦税如三十二年
郡人李震大水書事
其一
夙昔廣田畝不知務稼穡鹵莽穫有秋米穀忽
狼籍揭來三十載田畝久汩没今春水稍退躬

耕期努力經營牛與種疏濬溝與洫匯曰望篝
車庶可足衣食一朝秋水來汩没復如昔力田
不逢年傷哉空嘆息

其二

北來黄水濁西來淮水清濁水來未止清水忽
已盈淮黄互争流日夜東南并在昔女媧氏煉
石補天傾滔滔坤維陷神禹不再生精衛爾何
爲填之安能平

其三

低田恃高岸岸高水更高持鋤取土築土濕築

不牢拆我村中屋捲我屋上茅掘我屋下土土

乾堅且牢西風一夕起大雨如盆澆岸倒屋復

拆一派皆洪濤維獸亦有窟惟鳥亦有巢人不

如鳥獸仰天長悲號

其四

空庭何所有積水但瀰瀰微風一披拂淡蕩生

連漪門開浮萍入遊魚戲堦墀稚子百不憂赤

足群相嬉明月出中天照影漾金輝墻根草爛

死蟋蟀無可棲唧唧復唧唧入我床下啼嗟哉

已無食那堪更無衣

三十五年七月二十四日颶風霪雨水暴至三日內長二丈餘全城在巨浪中南水關報決揚河通判金依孔率同知州謝廷瑞守備馬班如竭力堵築城賴以全城內居民從城頭貫絙而出北城外街市衝斷上下河相連舟子操舟於市渡一人率千錢以巨纜牽舟稍不戒則覆溺十日稍定頻年災祲以此爲極

詔將本年賦稅盡行蠲免大賑飢民

三十六年六月湖水大漲城南滾壩盡開民居半在水中至九月勢未殺無禾麥民飢蠲賦稅

三分郡人吳世燾賈其音募浙江織造敖公福

哈布政趙公良璧米若干石設廠爲粥賑之

三十七年大水知州謝廷瑞以極災詳請盡豁

免其賦稅

三十八年三月初六日

聖駕南廵過郵宿南門大壩四月廿四日

回鑾是年春

特簡于成龍總督河道侍郎徐廷璽副之率滿漢官

修治高堰及運河東西堤夏初湖水漲漫各壩

未閉七月初一日城北九里堤決部伯南埭亦

決上下河田盡淹賦稅奉
上諭恩免
三十九年淮黄南注江潮涌自鄭至揚一望洪
濤浮屍觸舟過者比比六月太白經天秋無禾
賦稅奉大例輪免
四十一年夏無雨知州謝廷瑞報旱災蠲免賦
稅
四十二年二月初六日
聖駕南巡過郵宿嵇家閘三月十一日
回鑾

四十四年三月十一日

聖駕南巡過郵萬民貢方物承蒙

御覽閏四月初七日

回鑾復備貢獻駐蹕南關外納芹菜蒿苣蒿菜三種

賞賚有差是年二月十七日湖内現山樹木屋

宇如畫廿五日天霽巳刻忽聲響如雷墻壁俱

震有白光圓球下墜東北方五月廿三日晝夜

雨歷月不休堤上水高數尺上下河田盡淹知

州謝廷瑞報災

詔免賦税三分其應徵七分仍俟帶徵大賑飢民

四十五年

上發帑數十萬遣冢宰徐潮工部孫渣齊統滿漢官

數百員挑濬下河自五里壩至時堡

四十六年二月廿七日

聖駕南巡過郵四月廿九日

回鑾夏旱祈雨十一月廿五日奉部文停徵

四十七年七月初八日薄暮黄霧四塞暴風拔

木震屋瓦大雨如注兼旬不止水長開大壩田

禾盡渰知州李之檀報災

恩諭被災地方蠲免賦税

四十八年夏多雨湖水漲漫上下河中田俱淹

先是四十七年十月十三日

上諭將次年江南浙江全省地丁盡行豁免至是年

十月十六日江蘇撫院于公率同道府廳各

員親至教場放賑人給錢米知州李之橦設法

募米平糶

四十九年大水蠲免如四十八年

五十二年賦税奉

旨恩免

五十三年大旱免賦税三分

五十四年自春徂秋雷雨交作湖水漲漫開中
壩中田下田俱淹蠲免賦税三分賑飢民郡人
吳士夀等募鹽院李公陳常米數千石近者賑
粥遠者賑米

學正鄧紹煥三槃查賑二首

其一

按名稽户口相對亦茫然不覩飢寒面焉知貧
富懸乘輿過野寺問渡涉前川莫怪巡簷索
皇仁不易沾

其二

獨坐茅簷底農夫列兩行數家呼凍餒幾老説滄桑幸覩麥畦綠還看菜圃黃築塲應不遠勸爾莫倉皇

又黃蕩橋賑飢二首

其一

黃蕩橋邊鄉色新停舟登岸意逡巡市連村舍人全朴地接鄉關俗漸淳道院猶來問字客窮簷半宿荷鋤人亟開倉廩乘時發莫使哭黎望眼頻

其二

弘湖賑𠪚坐東村攜老扶童永日喧敢避炎熇
安午夢不辭霪雨廢朝飧環階怕聽哀聲沸繞
座時將好語温按籍何曾遺户口猶憐丐子未
沾恩
五十六年正月初四日湖現有城郭樓臺人民
廛市歷歷如畫四月十六日大風雨雷電昏時
有火毬如斗下墜
五十七年七月二十日大風雨拔木偃禾竟夜
不止嗣是風雨時作每日空中響聲如沸十一
月初一日昏時紅光如電有聲旋大雷雨雪久

不止

五十八年大水知州張德盛保守中壩　有碑載山川志詳請蠲賦復捐募賑粥分乾明寺泰山廟為二廠自十月起至次年正月止約米八百餘石賑人三十萬餘民賴以全

五十九年大水免賦税如五十八年運使劉公之頴捐米千石賑給飢民

雍正元年旱有蝗知州張德盛率僚屬晝夜撲滅蝗不為災

（清）楊宜崙修　（清）夏之蓉、沈之本纂

【嘉慶】高郵州志

清道光二十五年（1845）刻本

高郵州志卷之十二

雜類志

災祥附歲占　軼事

水土平教化洽而大端舉矣不可知之事應不急之察君子弗貴也然郵以力田爲業民生登耗大都占於水旱古之稱治者曰桑無附枝麥秀兩歧又曰蝗不入境虎北渡河由是言之一方之休咎庸可忽諸若夫勝事異聞其軼時時見於他說錯而舉之以備參覈亦古者外史外紀之遺意云爾志雜類

災祥

（晉）武帝咸寧四年秋大水傷稼

（宋）文帝元嘉十年冬十二月營成縣民成公會之於高郵界獲白璧白鹿以獻

（梁）時廣業郡（即高郵）有嘉禾生詔改爲神農郡

（隋）煬帝大業十三年江淮數百里水絕無魚

（唐）太宗貞觀八年秋七月江淮大水

代宗時淮南旱饑節度使張延賞奏遣流民就食外境（按本傳歲旱民乞遷吏禁之延賞曰拘此而斃不如適彼而生乃具舟遣之勅吏爲脩室廬已逋債而歸者更增於舊）

德宗貞元六年淮南大旱井泉竭人暍且疫死者

甚衆

八年江淮大水漂没人民廬舍

憲宗元和九年淮南大水害稼

宣宗大中六年夏饑民於河中漉得異米給食號

聖米按唐書大中六年無水旱明文惟杜悰傳悰鎮淮南時方旱民漉聖米自給考其時在會昌以後則六年夏饑當屬旱饑無疑

懿宗咸通二年秋淮南不雨至於明年六月民大

饑

七年江淮大水害稼

(宋)真宗大中祥符元年民王言妻一產四男

仁宗嘉祐中甓社湖神珠現舊志云其珠隱見不常見則必有休咎之應孫莘老家於湖陰夜讀書忽窗明如晝循湖求之見珠於湖中是年莘老登第或云建炎中光竟夜耀爍賊禍亦時見新開湖中蓋神物轉徙不常故也詳見古蹟

神宗熙寧七年淮南久旱

哲宗元祐四年產嘉禾雙蓮駢瓜等瑞物凡十有二郡守楊蟠圖其形於豐瑞堂時連歲大稔

八年自四月雨至八月晝夜不息淮南大水

元符元年八月飛蝗抱草死

徽宗政和六年夏旱秋大水民戶流移二千餘家

聚於揚州通判蒙安賑恤之下詔褒美

重和元年夏大水民流移漂溺者衆

高宗紹興二年旱

二十四年春淮水漲有一物狀混混色頗高近尺長百餘步廣十餘步非形非氣若血而凝或浮而止自淮歷郵入興化人驚畏之莫敢近至夏四月霖雨不已重湖縣亘五六百里一夕增水逾丈漂流廬舍死者甚衆按康熙以前舊志並作二十三年而宋史五行志不載其事惟查三十二年有云四月淮溢數百里漂民田廬死者尤衆又云春淮水溢中有赤氣如凝血與此事相類二十三年或即三十二年之訛歟

孝宗淳熙三年夏四月郡圃芍藥一枝五花郡守王詷名其宴寢之堂曰豐瑞仍圖之堂上

五年秋八月黑鼠食禾田無遺穗民大饑

六年旱冬大饑民食草木

八年夏四月至秋八月不雨郡無秋太守程闓一奉詔賑濟旱雖甚民不大饑宋趙言還有程太守賑濟記詳藝文志

九年秋淮南大蝗害稼日捕數十車

十年夏旱舊蝗遺種害稼

十五年夏五月淮甸大雨淮水溢漂民舍壞田

稼

光宗紹熙二年秋七月旱蝗

寧宗慶元二年秋七月飛蝗蔽蛆死是夏旱飛蝗起自淩塘俄遍四野纔皆抱草死每一蝗有一蛆食其腦陳造呈郡守陳伯固詩使君手有垂雲箭虐魃妖蝗掃不餘千頃飛蝗蔽蛆死巳濡銀筆爲君書

開禧二年民饑楚州盜戚椿擁衆至高郵太守劉元鼎禦之盜不克入遂入運鹽河犇揷東下過第二溝三梁官溝河口賈莊等處並遭焚劫

嘉定元年大饑斗米二千殍死者過半

二年旱兩淮大饑楚民胡德胡海作亂自楚過

射陽轉至岡門入富家堡擄爲巢饑民依附日衆帥司下令招德降之弟海仍猖獗進屯胥家莊從亂者蜂起瀕海數百里莽爲盗區

八年飛蝗食禾苗草木皆盡

元

世祖至元十七年三月饑

二十二年大水傷人民壞廬舍詔發米賑被災之家

成宗時揚州等處蝗蟲食苗稼成宗往祭之忽有鶖鳥羣至在地者啄之飛者以翼格殺之蝗遂滅

武宗至大元年江淮等郡饑民採草根樹皮爲食

泰定帝泰定二年水

三年蝗

順帝至元二年大雨雹是時淮湖大旱惟此地湖河田禾可刈悉爲雹所害

凡田之旱者無一雹及之

明太祖洪武十三年詔以高郵等處連年水旱兵疲

免夏税秋糧一年

英宗正統五年大饑人相食命戸部主事鄒來學

賑之

天順四年大水

憲宗成化十年旱運河竭七月大雨

十一年大水民饑命戶部郎中谷琰賑之

十四年大水

孝宗六年冬大雪五十日民凍餒及屋廬壓死者甚衆

十六年秋大旱疫知府王恩發粟賑之

十八年大旱飛蝗食禾盡民大饑

武宗正德元年旱

三年春大旱夏大水壞河隄沒民廬舍冬苦寒

河氷結花卉之狀次年冬亦如之

五年民周某家娶婦炭火內生金蓮花青蓮花

二朶後其家敗亡

十三年三月雨雹五月大水知府蔣瑶奏免夏

秋二稅

十四年大風雨大水民饑

世宗嘉靖元年新開湖有巨木見取之舊傳新開湖有運皇木者適遭衝決失大木二歲久湖中有二物如龍形每遇風雨則昂首震聲遠近見聞相傳木龍出現自後湖決雖風雨不見疑入海嘉靖元年州堂歲久將圮郡守謝欲新之材木俱集獨少正梁命工營求不得忽湖中浮一物若衣如毛長尺許游動[illegible]盤人疑不敢近報州差水工驗勘乃一巨木也徉挽至岸工人量之與州堂間架長短相合遂祭告斤削繪綵以充其用挈而上之若神助無難於力或以為二木之遺其一者邑人王磐詩謝公有意建州衙神木千年

出浪花

二年春正月至夏六月不雨禾稼槁死七月二十五日大風雨拔木毁民舍大水河隄决民饑

三年春大疫饑死者相枕藉詔命侍郎席書賑之秋旅稻生民賴以活

四年虎入境至邵家莊獲之

八年秋七月蝗飛蝗蔽天積地厚數寸禾稼不登巡撫都御史唐龍奏免稅米馬價減夫役留班軍以恤之

十一年大水無麥禾

十二年冬十月丙子夜星隕如雨

十四年春夏旱飛蝗蔽天九月壬申夜衆星交動

十五年旱蝗不爲災知州鄧誥作賀豐亭鄧誥賀豐亭記見藝文志

十九年旱蝗秋大水撫按奏免稅糧等賑之

二十二年至二十四年旱

二十六年大有秋

三十年秋海水溢没下河田

三十四年大水民饑冬月夜有流火如斗自北

街流轉至廟橋止兆次年倭火

三十五年大水廬舍漂沒

三十六年夏五月倭寇犯境燬南東北三門外廬舍殆盡秋大水河隄決民饑

三十七年大水饑

三十八年三月菊有花大旱疫

四十年閏五月庚子地震秋七月大水河隄決十二月望日有四背白虹貫之

四十一年夏大水沒田禾

四十三年春大雪夏五月大水沒田禾

四十四年春旱夏寒六月大雨一日夜積水深五尺餘沒田禾

四十五年閏十月辛丑夜流星如織有流星二大如月

穆宗隆慶二年元旦晝大風屋廬皆震

三年秋淮水大漲高二丈餘漂蕩廬舍溺死人畜不可勝紀民無所居食時令民有出粟百石助賑者給以冠帶復其身邑人陸典紀災詩見藝文志

四年夏旱秋水

五年夏五月大水河隄決郡西南高田熟

神宗三年泗水泛漲河水渾丁志口隄決

八年大水

十五年元旦大雨雷電十六月雪深數尺

十八年五月颶來大雨六日欽天監奏淮揚有水患高寶尤甚十一月開東水關邑人張守中浩浩秋水歌見藝文志

二十一年大水通湖橋圯隄決五百餘丈

二十三年大水淮安開武家墩二十餘丈高寶水長二尺時議閉周橋人心恐懼尋止

二十四年大水五月雨百日不止

二十五年揚州雨黑豆四月雪雹傷麥秧

三十年正月雪六尺五月大雨七日民田盡沒

小閘口隄決

三十八年黃河水漲八里鋪隄決

四十五年大旱飛蝗蔽天

熹宗天啓元年大水九里北隄決

五年六年旱蝗邑人孫兆祥禾已黃歌見藝文志

懷宗崇禎四年夏雨五六尺隄決南北共三百餘

丈南門弔橋閘崩城市行舟人多溺死邑人孫兆祥紀

災各詩見藝文志

五年北水大漲上下河田盡渰

六年大水

十三年旱疫氣盛行歲大饑穀一斗銀三錢知州李含乙帥邑人胡長澄孫宗彝等募米二萬石計口五日一給病者至其寢處給之

十四年大旱蝗穀貴民饑設賑如前以上二年鄉民於土山掘石屑食之曰觀音粉多脹死

國朝順治四年大水六月雨不止邑人孫宗彝條議上巡撫陳之龍差役掘丁溪白駒二閘水即退

六年北水大漲南北隄決數百丈民大饑邑人

王永吉等募米設粥廠賑之邑人孫宗彝海陵行詩見藝文志

十年大旱民饑

十三年虎入境渡湖獲之鎮國寺焚

十六年霪雨爲災民田盡沒

康熙元年開周橋淮水東下隄決

二年夏旱秋霖

四年大水隄決七月三日颶風大作湖水漲城市水湧丈餘民大饑

七年六月大風雨十日不止環城水高二丈城門堵塞鄉村溺死人民無算

上遣戶部官木成格等踏勘災傷奉
旨蠲賦稅發米二萬餘石賑之歷屆蠲免詳載賦役志內
八年周橋未閉清水潭隄決民田被淹奉
旨蠲免賦稅並賑饑民邑人孫宗彝詩見藝文志
九年淮水大漲由翟壩周橋入高郵湖民田淹
沒奉
旨特遣大臣多諾稽查戶口給賑銀二萬七千有零
十年淮水漲清水潭隄決田盡沒
上遣戶部侍郎田逢吉郎中黃宣泰同撫臣馬祜巡道
張登選發米麥二萬石設賑奉

旨蠲賦稅先是民掘白土爲食亦曰觀音粉

十一年大水四月淸水潭復決民饑

詔發例監銀一萬五千兩給賑仍

蠲正賦是秋巫人號於衆曰耿侯賜民魚爲食未幾上下河魚忽湧起任人網取河中魚一斤錢一文七日而魚盡

十二年大水時脩淸水潭西隄將竣復決田稼

存者無幾

詔發帑爲粥賑之自冬至次年三月乃止

十三年大水夏旱秋復大水

十五年夏五月水發淸水潭西隄再決城南東

隄亦決上下河俱淤總漕帥顏保倡捐米麥四千石以濟窮乏

十六年大水

十七年自春至夏初大雨六七月不雨禾多枯

十八年旱飛蝗食禾殆盡十月大水民饑水田生草名三稜民取其根食之邑人賈良璧三稜賦見藝文志

十九年麥盛有三四岐者會霪雨連旬兼淮水大漲二麥及新苗悉漂沒七月朔南水關潰水入城闤闠往來皆以舟楫壞民屋廬無算

詔發帑金委員賑濟自本年冬至次年夏民沾實惠流

亡復集

二十二年大水河西中田及下河田盡渰

二十四年七月十八日至廿一日大風雨二十里鋪三十里鋪河隄俱決北門外水深數尺廿七日復大風雨東門外溺死人無算上下河田盡渰

詔蠲賦稅賑饑民

三十二年夏大水

詔蠲賦稅十分之三

三十三年秋大水

詔蠲賦稅十分之三

三十五年七月廿四日颶風霪雨水暴至三日長二丈餘南水關決揚河通判金依孔知州謝廷瑞守備馬班如竭力堵築城賴以全城內居民從城上貫絚而出北城外街市衝斷上下河相連舟子渡人於市以巨纜牽舟稍不戒則覆溺十日稍定頻年水災以此為最欽奉

恩詔賦稅盡行蠲免大賑饑民

三十六年六月湖水大漲城南濠壩盡開民居半在水中至九月勢未殺無麥禾民饑

詔蠲賦稅邑人吳世熊買其音蘇浙江織造敖福哈潘

司趙良璧米若干石設厰爲粥賑之

三十七年大水

三十八年夏四月湖水漲漫各壩未開七月初

一日城北九里隄決上下河田盡渰奉

旨恩免賦稅

三十九年淮黄南注江潮北涌自郵至揚一望

洪濤秋無禾奉

旨恩免賦稅

四十一年夏大旱奉

旨恩免賦稅

四十四年二月十七日湖內現山樹樓臺城郭人民歷歷如畫五月廿三日大雨匝月不休隄工水高數尺上下河田盡淹欽奉

恩詔免賦稅大賑饑民

四十六年夏旱

四十七年七月初八日薄暮大霧風雨兼旬不止水暴長開大壩田禾盡淹奉

旨蠲免賦稅

四十八年夏多雨湖水漲漫上下河中田俱淹

奉

旨蠲正賦賑饑民蘇撫于準帥道府廳各員親至教塲

放賑人給錢米知州李之檀復設法募米平糶

四十九年大水奉

旨蠲免賦稅

五十三年旱

恩免賦稅十分之三

五十四年自春徂秋雷雨屢作湖水漲漫開中

壩中下田俱淹

詔免賦稅十分之三賑饑民邑人吳世泰等募鹽政李

陳常米數千石近者賑粥遠者給米

五十六年正月初四日湖現

五十七年七月二十日大風雨拔木偃禾竟夜不止嗣是風雨時作十一月初一日昏時紅光如電有聲旋大雷雨雪久不止

五十八年大水知州張德盛偕中壩詳請捐募賑粥分乾明寺秦山廟爲二廠自十月起至次年正月止約米八百餘石賑人無算奉

旨蠲免賦稅

五十九年大水運使劉之頫捐米千石賑給饑

民奉

旨蠲免賦稅

雍正五年秋大水田地被災者十九奉

詔發帑賑濟

七年大有秋

八年秋北水大漲河憲馳檄開壩保隄時東下

田禾將熟知州黃廷銓詳請力保至中禾盡穫

始開南關車邏兩壩民賴以安

十二年歲大稔

十三年歲大稔穀賤石銀四錢

乾隆元年正月五日湖珠現秋水成災知州傅椿

支常平倉米撫恤饑民一月奉

旨給賑五月

四年自春入夏不雨五月十八日晝夜雨尺餘

中晚禾大熟

五年五月某日大風霾有白龍旋舞雲中鱗甲

可見驟雨三日窪地早禾盡傷奉

詔貸籽種銀是年秋大有年

七年六月廿七八九大雨三日上游水發湖河

水暴長丈餘七月十五日開五壩堵南北水關

上下兩河田廬盡沒百姓皆就河隄城闉以居

詔發帑銀五十萬普賑饑民自八月迄於次年閏四

月民賴以安

九年大有秋

十一年七月十五日大風拔木秋水成災者十

之七奉

旨本年熟田漕糧截留賑濟

十八年五月霪雨不止上游水發湖河水日長

數寸七月十二日西風暴緊六漫閘界首西堤

居民被衝二百餘戸車邏壩石脊封土前後决

開六十餘丈嗣是諸壩齊開上下河田盡淹屋
廬飄淌無算
詔蠲正賦大賑饑黎
十九年五月中旬大雨窪田盡淹七月五日晝
夜雨尺餘曹家灣一帶成熟旱禾盡沈水底車
邏南關兩壩過水中高田亦淹奉
旨撥帑賑饑復
諭查明災戶設廠賑粥
二十年五六月連雨四十餘日上游山盱水發
湖河水暴長南關車邏兩壩水高出石脊三尺

餘上下河田盡沒民食草根樹皮石屑一名觀音粉穀價騰貴石錢近四千奉

詔蠲免正賦發帑給賑仍賑粥三月

二十一年春饑奉

旨加銀賑粥賑各四月疫盛行自二月至六月死者無算穀貴與二十年冬同秋大熟石米千錢

二十二年秋水傷稼

詔發帑賑濟蠲賦十分之三

二十四年正月湖珠現七月又現是科鄉試孫全敏等中式元魁最盛四五月大旱南鄉蝗積數寸六月杪一夕

大雨蝗盡滅秋水成災

詔賑饑黎蠲賦税

二十五年夏霪雨不止損青苗高低田全無籽

粒

詔發帑普賑饑民計九萬口有奇盡免賦税

二十六年夏大水巡撫陳宏謨親勘水勢知州

李洊德稟請保壩七月二十日早西風大作攩

軍樓隄决樓亦被沖即三元閣漂淌居民廬舍百餘

家前後開壩四座東下田盡沒

詔賑饑黎計銀九萬七千餘兩

三十年秋水傷禾奉
旨照例蠲緩仍貸籽種銀
三十三年夏大旱六月初旬大雨高田未得雨
者仍十之三四奉
旨發帑銀三萬兩賑濟饑民
三十四年七月初四日雷雨大作十五日又大
雨四鄉窪田盡淹本年地丁奉
旨蠲緩
三十六年正月二十四日湖珠現
四十年夏大旱七里湖可徒涉民乏食時湖藕

數十里遠近男婦爭掘者日數千人兩三月方
盡是年被旱田戶奉
旨給賑
四十三年春夏旱早晚禾盡萎七月連陰傷旱
穀八月洪湖水發運河日長尺五六寸知州楊
宜崙極力保壩因水勢日增奉檄前後開四壩
水過壩六七尺上下河田畝廬舍在巨浸中九
月初十日運河西隄盡圮撫軍樓東隄危甚南
北水關盡堵東西城門積土與堞齊南北城門
半堵城外備雲梯以通往來知州楊宜崙晝夜

巡防具詳報災奉

詔蠲免正賦發帑賑饑

四十五年夏旱知州楊宜崙建壇步禱五月望

後大雨有秋

四十六年正月湖現城郭樓臺隱隱如畫十一

月武寧鄉民于志學妻管氏一產三男

四十七年三月湖現四五月不雨運河水淺民

田被旱東北鄉尤甚奉

旨蠲緩民賦並發帑四萬九千餘兩賑濟知州楊宜

崙復於城鄉設粥廠五處倡捐廉五十兩米麥

雜糧三百石又買棉衣千件分發五廠給散紳士夏之蓉等城鄉數十人皆慕義捐施並蒙本府太守恒公捐廉百金倡率其捐米麥一千餘石銀數百兩放粥四十餘日察極貧者給與棉衣其食粥饑民三萬餘口城鄉賴以存活者甚多

增修

三總十里民閔立禮妻李氏乾隆五十七年七月十六日一產三男伯名宋仲名宜叔名實現存俱年十九歲

【道光】續增高郵州志

（清）左輝春等纂修

清道光二十三年（1843）刻本

災祥志

唐總章元年江淮大旱新唐書五行志

垂拱元年淮南地生毛同上

貞元四年淮南地生毛同上

大中九年淮南饑同上

光啓元年淮南蝗同上

宋咸平六年淮南水災宋史眞宗紀

景德二年淮南饑同上

大中祥符三年淮南旱同上

五年淮南饑同上　宋李燾續通鑑長編

七年淮南饑　同上

乾興元年淮南路水災　宋史五行志

明道元年淮南饑　宋史仁宗紀

二年淮南饑　同上

皇祐三年遣使安撫淮南饑民　同上

治平元年高郵軍大水　宋史英宗紀

熙寧六年淮南饑　宋史五行志

元豐八年淮南水災　宋史哲宗紀　五行志

崇寧元年淮南蝗　宋史徽宗紀

宣和五年淮南饑　宋史五行志

紹興元年饑淮南民流多殍死 同上

十八年淮南旱 宋李心傳繫年要錄

二十二年淮甸水 宋史五行志

二十八年江東淮南數郡水 同上

隆興二年淮東郡大水 同上

開禧元年淮東郡國水 同上

元大德二年揚州路旱蝗 元史成宗紀

五年高郵旱蝗 元史五行志

六年揚州路蝗 同上

至大二年高郵蝗 元史武宗紀

延祐七年高郵水　元史英宗紀

至治元年高郵旱　同上

泰定元年揚州路旱　元史泰定帝紀

四年揚州路饑　同上

至順元年高郵水　元史五行志

明永樂九年高郵縣甓社等湖暴漲　明史五行志

景泰五年揚州湖決高郵隄岸　同上

嘉靖中正月有蟹數百萬大小相負自高郵之蛤蜊壩過識者以為水徵　明朱國楨湧幢小品

萬歷四年高郵清水潭決　明史五行志

五年徐州河淤淮河南徙決高郵湖隄 同上

十九年揚州湖淮漲流高郵南北閘俱衝 同上

二十一年高郵大水決湖隄 同上

崇禎十四年高郵湖隕星大如屋 紀略 吳偉業綏寇

災祥志

國朝乾隆五十年大旱七里湖涸見底民食榆皮草根皆盡掘石屑資之名觀音粉

乾隆五十二年大有年

乾隆五十八年秋水

嘉慶元年水上河田淹沒

嘉慶六年秋九月地震

嘉慶八年水上河田淹沒

嘉慶九年秋大水民大饑

嘉慶十年夏大水民大饑

嘉慶十一年夏大水民大饑

嘉慶十三年秋大水民大饑

嘉慶十五年冬水

嘉慶十六年冬水

嘉慶十七年秋大水民饑

嘉慶十八年冬水

嘉慶十九年夏旱蝗秋水

嘉慶二十年秋大水

嘉慶二十一年夏大水

嘉慶二十三年秋水九月地震

嘉慶二十四年秋大水

嘉慶二十五年夏大水

道光元年疫甚多暴亦者

道光二年秋大水

道光四年冬十一月十三日暴風高堰十三堡漫溢高郵湖河日長水二三尺隄工岌岌連啟四壩官民大恐二十三日水落壩下麥田入水者數日復出明年皆有收

道光五年下河田麥秀雙岐

道光六年夏大水

道光八年秋大水

道光九年夏六月地震

道光十一年夏雨連旬湖水異漲六月十八日馬棚灣漫溢次日張家溝復漫東北鄉田廬淹沒殆盡民畜漂溺無算民大饑

道光十二年夏雨雹大疫秋大水

道光十三年秋雨兼旬大水民饑

道光十四年秋七月地震冬十一月木介

道光十五年夏六月大風拔木

道光十六年蝗食竹葉園蔬不傷禾稼

道光十八年冬十一月雷十二月除夕大雷電雨雹

道光十九年秋大水

道光二十年秋大水

道光二十一年秋大水

道光二十二年夏六月夷船犯京口高郵戒嚴秋大熟冬十一月冬至日虹見雷電

【光緒】再續高郵州志

（清）金元烺、龔定瀛修　（清）夏子錫纂

清光緒九年（1883）刻本

災祥

道光二十四年秋水勘不成災

二十五年秋水風雨頻仍

二十六年夏旱秋水勘不成災

二十七年春夏少雨秋水

二十八年秋大水風雨田廬多被淹其尤異者

川沸凡支流斷港及人家甕內水忽騰起尺餘

所有園竹一時開花成穗漸次皆枯

二十九年江湖水溢四壩全啟後仍長水啟放

昭關壩水始退

三十年秋水

咸豐元年海潮大秋水白露節盛暑冬漕改行
海運

二年夏旱秋水大壩堵而復圮舟楫通行多日

三年春日無光星異地屢震正月省城陷二月
郡城陷夏雨少高田旱秋水冬十一月郡城復

四年春積水未消夏多驟雨秋勘不成災

五年春有積水夏洪水下注水大雨少秋風雨
甚驟收成歉薄

六年旱蝗成災遍路人行不得舊穀大昂三月

郡城復陷十月運河水竭

七年春夏旱秋雨風甚西路饑民流離到境

八年夏旱高圩田水不及插九月郡城復陷郵

境戒嚴旋復藩司梁佐中糧臺駐紮郵城

九年春雨少秧不入夏雨較運秋成歉薄勘不

成災長髮賊竄擾湖西天長六合

十年春淮浦告警夏捻逆薛成頁泊王家港經

鎮軍黃開榜率水師擊退薛逆遁田多拋荒六

月湖水漲秋大風雨河決六壆

十一年夏六月九日日中有聲如雷星隕大如

益八月朔日月合璧五星聚張黃河水清三日

同治元年春捻匪竄擾賀應西岸旱蝗粟貴鎮

軍黃開榜州牧胡海平設壇祈禱虔請邑城隍

土府尊神於

帝君廟冇徒市擂鼓鞭豕於巷沈龍骨於淵諸法詰

日雨秋成減歉勘不成災

二年秋冇年

三年六月省城復旱秋雨少水南北旱勘不成

災

五年正月八日城內西塔頂落二十八日湖上

神燈見秋大水田多被渰

五年夏秋水多恠風雨淸水潭二閘隄決數百丈東北鄉田廬被渰殆盡民畜溺斃無數民大饑秋燥甚

六年春湖水涸麥秀兩岐夏旱秋雨多湖水漲冬捻逆夜過境北界首南車邏皆受其擾

七年歉熟不齊勘不成災粟賤

八年夏亢旱秋多雨運河以東皆歉收勘不成災

九年春多雨雪秋旱禾多白秀

十年夏少雨時雨雹河水幾涸旱歉勘不成災

十一年五月朔日有食之六月十九日地震上

下河水旱不均

十二年春正月朔城南張家庄屠家火人畜被

焚止留一子夏秋旱湖西水涸粟賤

十三年春夏雨少秋雨傷稼江潮大湖水漲有

土蟲蛀苗根荄稻多白秀

光緒元年三月朔日有食之秋得雨遲收成歉

薄

二年春有冰夏先亢後浸蝗災時有剪紙人剪

辦打印等妖術秋用機器撈淺運河

三年夏少雨秋連陰雨土蟲食苗根茭江湖漲

漫湖水長有蝗為災

四年夏蝗有遺孽經雨自滅田畝被水被旱各

半勘不成災

五年夏水不成災秋熟粟賤

六年正月十三日湖珠見是科會試吳同甲楊福臻同入翰林春

風雨調麥大熟秋旱

【民國】三續高郵州志

胡爲和、盧鴻鈞修　高樹敏纂

民國十一年（1922）刻本

雜類志災祥　軼事

災祥

嘉慶十四年八月二十六日夜星河皎潔忽有黑氣寬三四尺自西南横亘天漢而東凡二丈許經數刻黑氣兩旁又現白光數刻乃滅徐賦鹿匡齋筆記

光緒七年秋燥熱大疫癘多死者

光緒九年秋大水下河田有淹没者是年啟放車邏南關兩壩見再續志啟壩條但災祥志漏載耳

十三年春正月大雨雪

十四年夏暑甚民多疾疫

十五年夏湖西旱秋大水

十七年夏五月旱蝗高田栽插愆期禾多白秀

十八年夏旱蝗冬祁寒大雨雪樹木多凍死

十九年夏五月大風有二龍自西南來挐去贊化宫土山小亭並毁東門城堞十餘東鄉屋圮者以千計

二十年夏五月大雨秋七月大雨冬無雪

二十一年夏五月六月大雨

二十二年夏五月大雨

二十三年春二月多雨秋七月大雨是年大水
二十四年春二月大雨雪夏四月大雨
二十五年夏四月旱六月七月大雨
二十六年夏六月大雨
二十七年夏蝗五月大雨
二十八年春二月大雨秋旱蝻生多疫癘俗名癘螺痧
二十九年夏五月大雨
三十二年春雪盛夏五月六月大雨秋大水湖西災
欽
三十三年夏六月大雨

三十四年春雪盛夏四月大雨雹六月大雨冬十月地震

宣統元年夏四月旱五月大雨秋大水湖西災冬十一月地震

二年春二月地震夏六月晦淫雨爲災下河田多淹没除夕天大雷電以風